21 世纪高等教育计算机技术规划教材

21 ShiJi GaoDeng JiaoYu JiSuanJi JiShu GuiHua JiaoCai

计算机应用证书教程

JISUANJI YINGYONG ZHENGSHU JIAOCHENG

龚赤兵　吴文庆　张天俊　主编

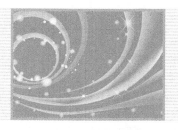

人民邮电出版社

北　京

图书在版编目（CIP）数据

计算机应用证书教程 / 龚赤兵，吴文庆，张天俊主编. -- 北京：人民邮电出版社，2015.9
21世纪高等教育计算机技术规划教材
ISBN 978-7-115-39406-4

Ⅰ．①计… Ⅱ．①龚… ②吴… ③张… Ⅲ．①电子计算机—水平考试—教材 Ⅳ．①TP3

中国版本图书馆CIP数据核字(2015)第111071号

内 容 提 要

　　本书以广东省职业技能鉴定指导中心举办的"计算机应用（国家职业资格四级）证书考试"的全真题库（Office 2010）为载体，以案例为驱动，精心设计了 8 个工作任务，共 30 个实训。以"在做中学、学中做"为原则开展实训，内容基本覆盖计算机应用（国家职业资格四级）的考证内容，并注重学生的技能培养，从而帮助学生获得相应的"全国计算机信息高新技术考试"合格证书。

　　本书既可以作为高职高专计算机及相关专业的教材，也可以作为计算机应用（国家职业资格四级）证书的考证教材。

　◆　主　　编　龚赤兵　吴文庆　张天俊
　　　责任编辑　范博涛
　　　责任印制　杨林杰
　◆　人民邮电出版社出版发行　　北京市丰台区成寿寺路 11 号
　　　邮编　100164　电子邮件　315@ptpress.com.cn
　　　网址　http://www.ptpress.com.cn
　　　固安县铭成印刷有限公司印刷
　◆　开本：787×1092　1/16
　　　印张：16.5　　　　　　　　　　2015 年 9 月第 1 版
　　　字数：414 千字　　　　　　　　2024 年 7 月河北第 20 次印刷

定价：38.00 元
读者服务热线：(010)81055256　印装质量热线：(010)81055316
反盗版热线：(010)81055315

前　言

掌握计算机应用基础知识，提高计算机的基本应用能力，是高职生必须具备的基本素质。本书以广东省职业技能鉴定指导中心举办的"计算机应用（国家职业资格四级）证书考试"的全真题库（Office 2010）为载体，将学习内容与考证内容合二为一。学生通过实施 8 个工作任务以及书中的实训内容，可以具备基本的计算机应用能力，并获得相应的"全国计算机信息高新技术考试"合格证书。

全书以案例为驱动，精心构造了 8 个工作任务，总共 30 个实训，具体如下。

任务 1 主要介绍 Windows 7 系统的基本操作，包括 3 个实训，分别是系统、外观、个性化设置相关操作，文件操作、网络访问相关操作，系统工具、硬件管理相关操作。

任务 2 主要讲解 Word 2010 的文字与表格编排，包括 3 个实训，分别是 Word 2010 入门，样式应用、字体设置与表格编辑，字体、段落设置与表格编辑。

任务 3 主要讲解 Word 2010 的版面设置与文档编辑，包括 3 个实训，分别是 Word 2010 提高，版面设置与文档编辑的综合应用，版面设置与文档编辑的应用提高。

任务 4 主要介绍 Excel 2010 工作簿操作，包括 3 个实训，分别是认识 Excel 2010，格式化工作表，自动填充与快速建立图表。

任务 5 主要讲解 Excel 2010 数据处理，包括 6 个实训，分别是熟悉 Excel 数据处理，利用公式或函数计算，数据排序，数据筛选，合并计算以及分类汇总。

任务 6 主要介绍 PowerPoint 2010 基本操作，包括 5 个实训，分别是熟悉 PowerPoint 2010，应用主题建立演示文稿，设置动作按钮，制作母版，设置动画和放映方式。

任务 7 主要介绍 Word 2010 综合应用，包括 3 个实训，分别是插入文本和对象，文本与表格之间转换，邮件合并。

任务 8 主要讲解 IE 应用，包括 4 个实训，分别是调制解调器的安装，互联网应用，Outlook 2010 应用以及 Foxmail 应用。

本书由龚赤兵、吴文庆、张天俊担任主编，卢少明编写任务 1，张天俊编写任务 2，李小海编写任务 3，吴文庆编写任务 4，周修海编写任务 5，龚赤兵编写任务 6，卢启成编写任务 7，焦国华编写任务 8，龚赤兵负责全书的策划和统稿。由于编者的水平有限，书中难免存在不足和错漏之处，敬请读者批评指正。

编者
2015 年 4 月

目 录 CONTENTS

2

PART 1

任务 1
Windows 7 系统操作

 学习目标

- 基本概念，熟悉桌面、任务栏和开始菜单的相关操作
- 文件及文件夹的操作
- 操作系统的磁盘管理操作
- 使用控制面板进行相关设置

操作系统是用来管理计算机软件和硬件的系统软件。Windows 7 是由微软公司（Microsoft）开发的操作系统，核心版本号为 Windows NT 6.1。Windows 7 可供家庭及商业工作环境、笔记本电脑、平板电脑、多媒体中心等使用，其版本大致可以分为以下几种。

Windows 7 简易版——简单易用。Windows 7 简易版保留了 Windows 为大家所熟悉的特点和兼容性，并吸收了在可靠性和响应速度方面的最新技术进步。

Windows 7 家庭普通版——使你的日常操作变得更快、更简单。使用 Windows 7 家庭普通版，你可以更快、更方便地访问使用最频繁的程序和文档。

Windows 7 家庭高级版——在你的电脑上可以享有最佳的娱乐体验。使用 Windows 7 家庭高级版，可以轻松地欣赏和共享你喜爱的电视节目、照片、视频和音乐。

Windows 7 专业版——提供办公和家用所需的一切功能。Windows 7 专业版具备你需要的各种商务功能，并拥有家庭高级版卓越的媒体和娱乐功能。

Windows 7 旗舰版——集各版本功能之大全。Windows 7 旗舰版具备 Windows 7 家庭高级版的所有娱乐功能和专业版的所有商务功能，同时增加了安全功能以及在多语言环境下工作的灵活性。

Windows 7 操作系统的操作逻辑复杂、内容繁多、方式多样，根据使用的频率及综合各种原因，大致把 Windows 7 操作系统的操作分为以下几类。

进入操作系统界面后的操作：主要是指对桌面、系统、外观、个性化设置进行的相关操作。

文件管理操作：主要是指用"计算机"窗口对文件进行的基本操作。

磁盘管理操作：主要是指对存放文件的磁盘空间进行整理和清理的操作。

控制面板操作：主要是指对系统的软件和硬件资源进行管理的操作。

本任务实训将围绕这些内容进行突出重点、兼顾整体的设计。

实训 1.1——系统、外观、个性化设置相关操作

实训内容

（1）将本地驱动器 C 的卷标设为"System"。

（2）设置切换到郑码输入法的键盘快捷键为"Ctrl+Shift+7"组合键。

（3）设置删除文件时不将文件移入回收站，而是彻底删除。

（4）在当前系统中，删除"幼圆"字体。

（5）设置正常选择时的鼠标指针为"Windows 标准（大）（系统方案）"。

（6）设置电源使用计划为"10 分钟后关闭显示器"，并"20 分钟进入休眠状态"。

（7）设置屏幕分辨率为 1440×900，屏幕刷新率为 75。

（8）设置"三维文字"为屏幕保护程序，自定义文字内容为"Windows 7"。

实训步骤

1. 重命名本地驱动器 C 的卷标

（1）在桌面上打开"计算机"窗口，如图 1-1 所示。

图 1-1　重命名"本地磁盘（C：）"

（2）用鼠标右键单击"本地磁盘（C：）"，弹出右键菜单，选择"重命名"选项，在重命名状态下将原来的卷标修改为"System"，接着在任意空白处单击鼠标左键即可，如图 1-2 所示。

图1-2 改卷标

2．设置输入法的键盘快捷键

（1）打开"控制面板"窗口，如图1-3（注意控制面板窗口"查看方式"的不同）所示，选择"时钟、语言和区域"选项里面的"更改键盘或其他输入法"项后弹出"区域和语言"对话框，如图1-4所示。

图1-3 控制面板图

（2）在"区域和语言"对话框中单击"更改键盘"按钮，弹出图1-5所示的"文本服务和输入语言"对话框，在"高级键设置"选项卡中选中"切换到中文（简体，中国）-简体中文郑码（版本6.0）"，用鼠标左键单击"更改按键顺序"按钮弹出"更改按键顺序"对话框，如图1-6所示。

图 1-4　区域和语言

图 1-5　文本服务和输入语言对话框

（3）在"更改按键顺序"对话框中，选中"启用按键顺序"复选框，然后选中"Ctrl+Shift"键，在键右侧的下拉列表框中选中"7"，单击"确定"按钮，如图 1-7 所示。

图 1-6　更改按键顺序 1

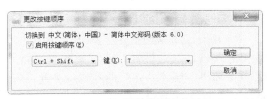

图 1-7　更改按键顺序对话框 2

3．设置回收站属性

（1）用鼠标右键单击桌面的"回收站"图标，在弹出的右键菜单中选择"属性"项，弹出"回收站属性"对话框，如图 1-8 所示。

图 1-8　回收站属性

（2）在"回收站 属性"对话框中，鼠标左键单击，选中"不将文件移到回收站中。移除文件后立即将其删除"前的复选框，然后用鼠标左键分别单击"应用"按钮和"确定"按钮，完成设置。

4．删除字体

（1）打开"控制面板"窗口，选中"外观和个性化"选项，如图 1-9 所示。

图 1-9　回收站属性

（2）选择"字体"选项下面的"预览、删除或者显示和隐藏字体"选项，弹出如图1-10所示窗口，在弹出的对话框中找到并删除"幼圆"字体，如图1-11所示。

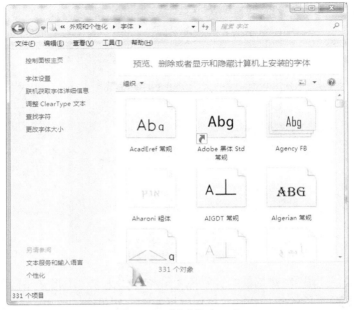

图1-10 "字体"窗口1

图1-11 "字体"窗口2

5．设置鼠标指针

（1）打开"控制面板"窗口，选中"外观和个性化"选项，如图1-12所示。

图 1-12 外观和个性化

（2）打开"个性化"选项，弹出窗口如图 1-13 所示。选择对话框左侧的"更改鼠标指针"选项，打开"鼠标 属性"对话框，如图 1-14 所示。

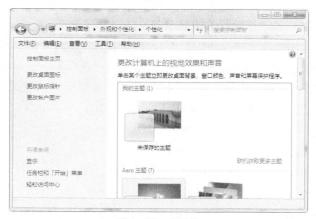

图 1-13 个性化

图 1-14 鼠标属性

（3）在"鼠标 属性"对话框中从"方案"标签下侧的下拉列表框中选择"Windows 标准（大）（系统方案）"，在"自定义"标签下选中"正常选择"，如图 1-15 所示。接着用鼠标左键顺序单击"应用"按钮和"确定"按钮，完成设置。

图 1-15　鼠标指针方案

6．启用电源使用方案，并设置关闭显示器

（1）打开"控制面板"|"硬件和声音"|"电源选项"，如图 1-16 所示。

（2）鼠标左键单击选择"电源选项"对话框左侧的"选择关闭显示器的时间"，在弹出的对话框中选择"10 分钟之后关闭显示器""20 分钟后使计算机进入睡眠状态"，如图 1-17 所示。鼠标左键顺序单击"保存修改"按钮和"确定"按钮，完成设置。

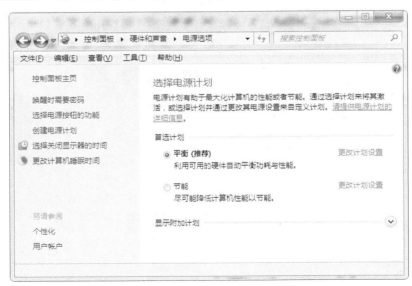

图 1-16　电源选项

图 1-17　电源选项设置

7．设置屏幕分辨率

（1）选择"控制面板"|"外观和个性化"|"显示"|"调整屏幕分辨率"命令，如图 1-18 所示。

（2）打开"分辨率"下拉列表，如图 1-19 所示。调整分辨率后左键分别单击"应用"按钮和"确定"按钮，完成设置。

图 1-18　分辨率设置 1

图 1-19　分辨率设置 2

（3）在图1-18所示窗口中，鼠标左键单击选择"高级设置"打开新窗口，如图1-20所示。

图1-20　分辨率设置3

（4）选择"监视器"选项卡，设置"屏幕刷新频率"为"75赫兹"，如图1-21所示。左键分别单击"应用"和"确定"按钮完成设置。

图1-21　分辨率设置4

8．设置屏幕保护程序

（1）打开"控制面板"｜"外观和个性化"窗口，如图1-22所示。

（2）在个性化中选择"更改屏幕保护程序"选项，弹出窗口如图1-23所示。

（3）选择"屏幕保护程序"的下拉列表框中的"三维文字"选项，单击"设置"按钮，将弹出图1-24所示的"三维文字设置"对话框，设置"自定义文字"为"Windows 7"，然后单击"确定"按钮，回到图1-23所示的对话框，最后单击"应用"按钮和"确定"按钮完成设置。

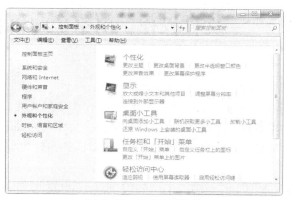

图 1-22　外观和个性化

图 1-23　屏幕保护程序设置

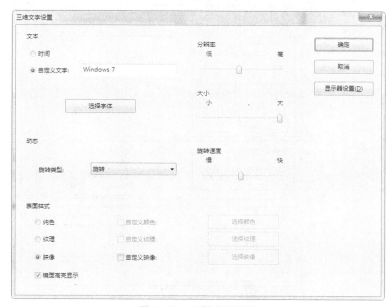

图 1-24　三维文字设置

实训 1.2——文件操作、网络访问相关操作

实训内容

（1）在"C:\考生"文件夹中建立只读文件夹 AOL。

（2）查找 C 盘中所有文件名以 s 起始，扩展名为 sys 类型的文件。

（3）在考生文件夹中新建一个格式为 txt 的空文档，文件名为 test，隐藏该文件。

（4）设置文件显示属性，在文件列表中设置"隐藏已知文件类型的扩展名"及"在标题栏中显示完全路径"。

（5）在考试文件夹中新建一个文本文档，名为 alb.txt，设置此文档的关联程序为 Microsoft Word。

（6）在"考生"文件夹下建立名为"pbrush"的文件夹，将"...\[开始]菜单\程序\附件"文件夹中的"画图"快捷方式复制到"pbrush"文件夹中。

（7）设置本机启用来宾访问。

（8）设置"考生"文件夹为共享文件夹，访问权限为只读，共享名为 Student，最多允许 5 个用户登录。

（9）设置 IE 主页为 http://www.baidu.com。

（10）禁止任何网络用户访问本机。

实训步骤

1．建立只读文件夹

（1）鼠标左键双击桌面"计算机"图标，打开"计算机"窗口，用鼠标左键双击"本地磁盘（C:）"，打开"本地磁盘（C:）"的窗口，在文件之间的空白处，用鼠标右键单击，在弹出的菜单中选择"新建"|"文件夹"选项，如图 1-25 所示，用鼠标左键单击该选项。

图 1-25　新建文件夹 1

（2）在"本地磁盘（C：）"的窗口中会出现图 1-26 所示的文件夹，"新建文件夹"字体为灰色可编辑状态，输入"考生"，如图 1-27 所示，然后用鼠标左键单击文件夹之外的地方，即可完成。

图 1-26　新建文件夹 2

图 1-27　新建文件夹 3

（3）在"考生"文件夹的空白处用鼠标右键单击，接着用鼠标左键单击"新建"｜"文件夹"选项，创建 AOL 文件夹。

（4）用鼠标右键单击刚建好的"AOL"文件夹，接着用鼠标左键在弹出的菜单中单击"属性"选项，出现图 1-28 所示对话框。

图 1-28　文件夹属性

（5）在"考生 属性"对话框中，用鼠标左键选中"只读"复选框，如图 1-29 所示，然后用鼠标左键分别单击"应用"按钮和"确定"按钮，完成设置。

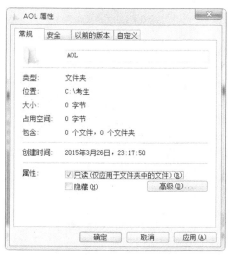

图 1-29　新建文件夹设置

2．查找 C 盘中的文件

（1）打开"计算机"窗口，用鼠标左键双击"本地磁盘（C：）"图标，打开磁盘 C 窗口，接着将光标定位在窗口右上角的"搜索"框中，如图 1-30 所示。

图 1-30　本地磁盘 C

（2）在搜索框中填入"S*.sys"（表示以 s 字符开始的，文件类型为 sys 的文件），如图 1-31 所示。

图 1-31　文件搜索

3. 新建一个格式为 txt 的文档

（1）打开"C:\考生"文件夹，用鼠标右键单击"考生"文件夹窗口的空白处，选择"新建"|文本文档"，创建文本文件，如图 1-32 所示。

图 1-32　新建文本文件

（2）将文本文件"新建文本文档，改名为"test"文件名，如图 1-33 所示。

图 1-33　重命名文本文件

（3）鼠标右键单击文本文件"test.txt"，在弹出的快捷菜单中选择"属性"，打开该文件的属性窗，如图 1-34 所示。

图 1-34　修改文本文件属性

（4）在属性窗口中勾选"隐藏"复选框，分别单击"应用"按钮和"确定"按钮，完成文件设置，如图 1-35 所示。

图 1-35　隐藏文本文件

4．设置文件显示属性

（1）鼠标左键双击桌面的"计算机"图标，打开"计算机"窗口，用鼠标左键单击菜单栏的"工具"菜单项，接着用鼠标左键单击下拉菜单的"文件夹选项"，如图 1-36 所示。

图 1-36 文件夹选项命令

（2）在弹出"文件夹选项"对话框中，用鼠标左键选中"查看"选项卡，如图 1-37 所示。

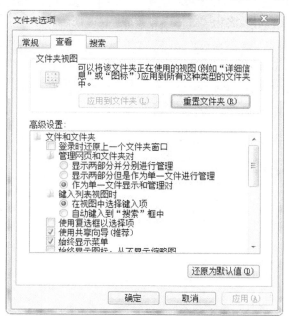

图 1-37 文件夹选项设置

（3）在"高级设置"选项列表中找到并选中"隐藏已知文件类型的扩展名"和"在标题栏显示完整路径"复选框，如图 1-38 所示，然后用鼠标左键分别单击"应用"按钮和"确定"按钮，即可完成设置。

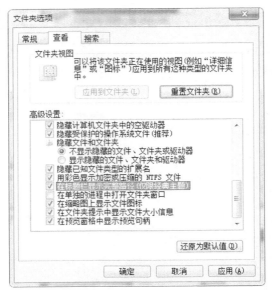

图 1-38　修改文件夹选项

5．新建文本文件，并设置关联程序

（1）打开"C:\考生"文件夹，用鼠标右键单击"考生"窗口的空白处，选择"新建"｜"文本文档"命令，创建文本文件并改名为"alb.txt"，如图 1-39 所示。

图 1-39　新建文本文件

（2）用鼠标右键单击"alb.txt"文件，用鼠标左键单击弹出菜单的"打开方式"｜"选择默认程序"选项，如图 1-40 所示。

图 1-40　选择文件默认程序 1

（3）在"打开方式"对话框中单击"浏览"按钮，弹出图 1-41 所示窗口。

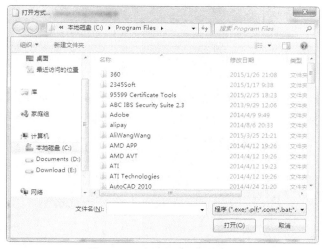

图 1-41　选择文件默认程序 2

（4）在路径"C:\Program Files\Microsoft Office\Office14"下找到并选中程序"WINWORD.EXE"，单击"应用"按钮和"确定"按钮，即可完成设置，如图 1-42 所示。

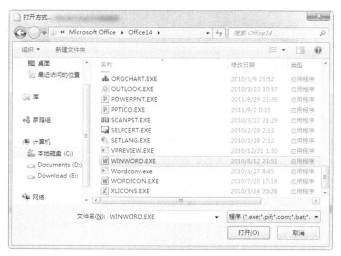

图 1-42　选择文件默认程序

6．新建文件夹，复制开始菜单中的快捷方式

（1）在"C：\考生"文件夹中新建名为"pbrush"的文件夹，如图 1-43 所示。

图 1-43　新建文件夹

（2）打开"开始"菜单，选择"程序"｜"附件"｜"画图"命令，接着用鼠标右键单击"画图"选项，用鼠标左键单击弹出菜单中的"复制"选项，如图 1-44 所示。

图 1-44　选择开始菜单中的"记事本"快捷方式图标

（3）打开"C：\考生\pbrush"文件夹，在文件夹的空白处单击鼠标右键，选中快捷菜单中的"粘贴快捷方式"选项，如图 1-45 所示。操作完成后，就可以见到复制快捷方式的操作结果，如图 1-46 所示。

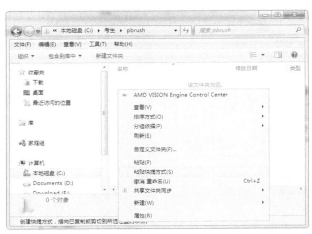

图 1-45　粘贴快捷方式

图 1-46　粘贴快捷方式结果

7．设置启用来宾访问

（1）在开始菜单中打开"控制面板"窗口，如图 1-47 所示。

图 1-47　控制面板

（2）在"控制面板"窗口中选择"用户账户"选项，打开"用户账户"窗口，如图 1-48 所示。

图 1-48　用户账户

（3）单击"管理其他账户"选项，打开"管理账户"窗口，如图 1-49 所示。

图 1-49　管理账户

（4）单击选择"Guest"账户，弹出"启用来宾账户"窗口，如图 1-50 所示。单击选择"启用"按钮，完成设置。

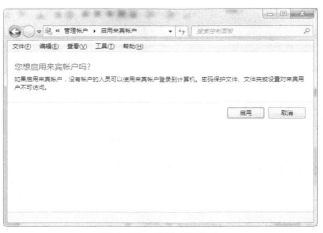

图 1-50　启用来宾账户

8．设置允许 5 个用户登录的共享文件夹

（1）打开控制面板，选择并打开其中的"网络和共享中心"选项，如图 1-51 所示。

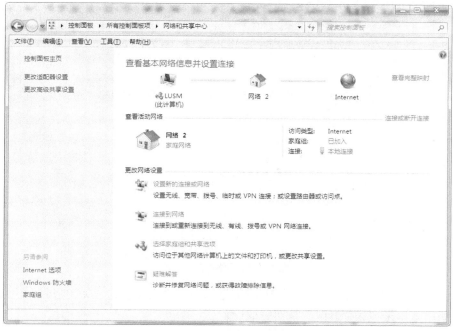

图 1-51　网络和共享中心

（2）在"网络和共享中心"窗口的左侧，选择"更改高级共享设置"选项，如图 1-52 所示。

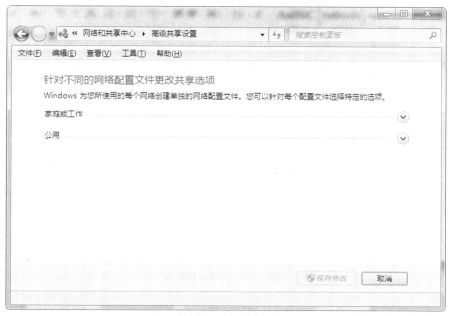

图 1-52　高级共享设置

（3）单击打开"家庭或工作"下拉列表，如图 1-53 所示。

任务 1　Windows 7 系统操作

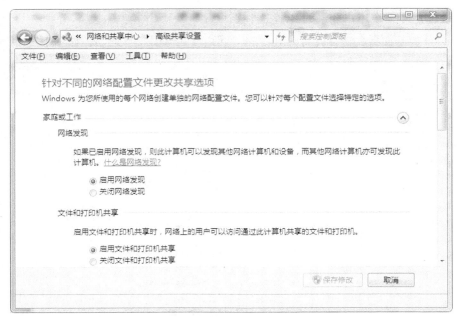

图 1-53　网络或共享设置

（4）在"高级共享设置"中将"密码保护的共享"选项设置为"关闭密码保护共享"，如图 1-54 所示。单击"保存修改"按钮完成设置。

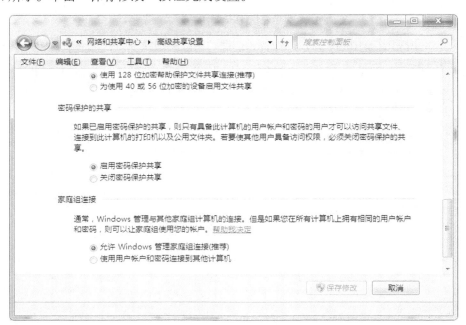

图 1-54　高级共享设置

（5）鼠标右键单击"考生"文件夹，在弹出的快捷菜单中查看其"属性"选项，如图 1-55 所示。

（6）选择"共享"选项卡，如图 1-56 所示，单击"高级共享"按钮，如图 1-57 所示。

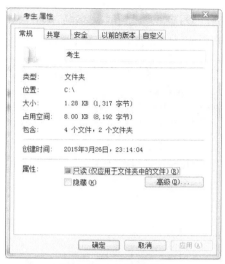

图 1-55　文件夹属性

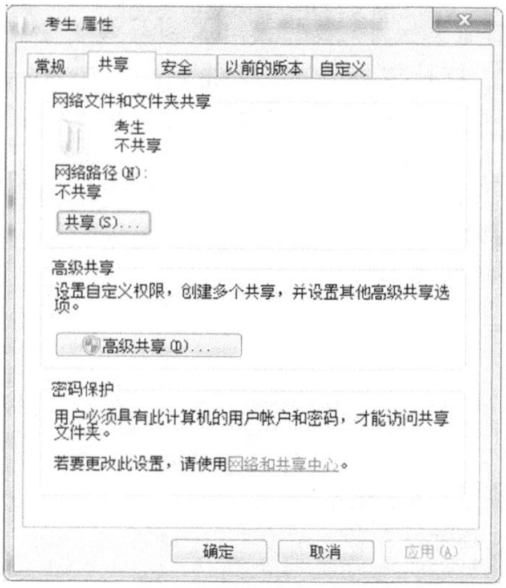

图 1-56　共享选项卡

图 1-57　共享文件设置

（7）选中"共享此文件夹"复选框，设置"共享名"为"Student"，在将同时共享的用户数量限制为右侧文本框中设置数量为5，如图1-58所示。

图1-58　共享文件夹设置

（8）单击"权限"按钮，打开权限设置对话框，将"Everyone 的权限"设置为"允许读取"，如图1-59所示。然后分别单击"应用"按钮和"确定"按钮，完成设置。

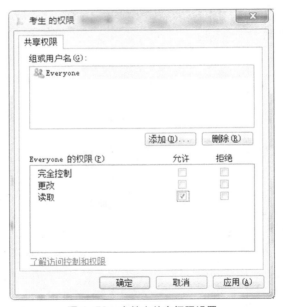

图1-59　文件夹共享权限设置

9．设置 IE 主页

（1）鼠标左键双击 IE 快捷方式图标 Internet Explorer，打开 IE 浏览器窗口。

（2）在 IE 浏览器窗口，选择菜单栏中"工具"下拉菜单的"Internet 选项"，如图 1-60 所示。

（3）在"Internet 选项"对话框的"常规"选项卡中的主页的文本框中输入"http://www.baidu .com/"，如图 1-61 所示，然后分别单击"应用"按钮和"确定"按钮。

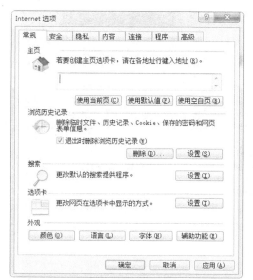

图 1-60　在 IE 浏览器窗口选择 Internet 选项　　　图 1-61　"Internet 选项"对话框

10．禁止网络用户访问

（1）打开"控制面板"窗口，如图 1-62 所示。

图 1-62　启动"所有控制面板项"

（2）在"控制面板"窗口中依次选择"管理工具"|"本地安全策略"命令，打开"本地安全策略"窗口，如图 1-63 所示。

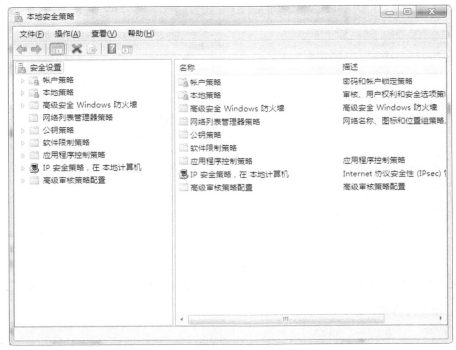

图 1-63　本地安全策略设置

（3）在"安全设置"下依次选择"本地策略"|"用户权限分配"命令，如图 1-64 所示。在右侧的策略列表中双击"拒绝从网络访问这台计算机"策略，打开"拒绝从网络访问这台计算机属性对话框"如图 1-65 所示。

图 1-64　拒绝从网络访问计算机

图 1-65　本地安全设置对话框

（4）单击"添加用户或组"按钮，弹出"选择用户或组"对话框，如图 1-66 所示。

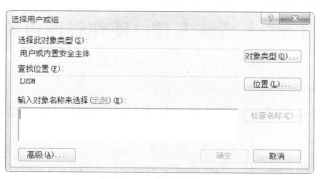

图 1-66　选择用户或组

（5）在"输入对象名称来选择"下侧的文本框中输入"Everyone"，如图 1-67 所示，接着用鼠标左键分别单击"检查名称"按钮和"确定"按钮。需要说明的是，如果操作者不知道用户或组的名称，可以借助"高级"按钮的功能来进行智能操作。

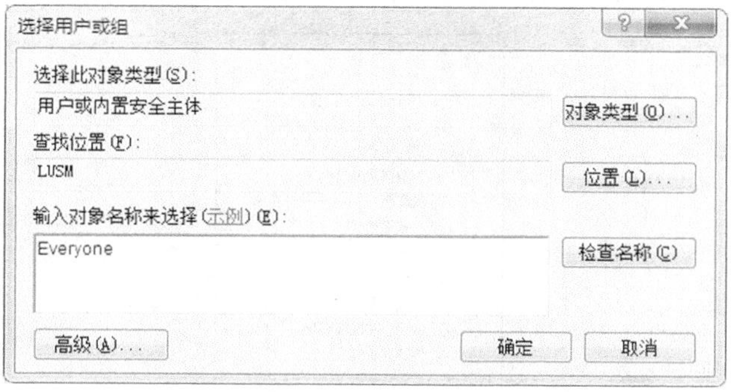

图 1-67　添加 Everyone 用户

（6）图 1-68 所示的对话框中增加了"Everyone"用户名称。接着用鼠标左键分别单击"应用"按钮和"确定"按钮，完成此任务的操作。

图 1-68　设置拒绝访问计算机

实训 1.3——系统工具、硬件管理相关操作

实训内容

（1）清理 D 盘下的回收站文件。

（2）设置当计算机空闲时（即无人使用），每周星期五的 12:30 自动进行磁盘清理，起始日期为 2014 年 1 月 1 日。

（3）在 LPT1 端口建立打印服务器，打印机为 EpsonAL-2600，共享名为 Epson，并将此打印服务器属性设置为远程打印文档出错时发出响声；允许 Everyone 具有打印权限。

实训步骤

1．对 D 盘进行磁盘清理

（1）用鼠标左键单击桌面"开始"菜单，选择"程序"｜"附件"｜"系统工具"｜"磁盘清理"命令，如图 1-69 所示，用鼠标左键单击该选项，调用磁盘清理程序。

图 1-69　启动磁盘清理程序

（2）弹出"选择驱动器"对话框，在下拉列表框中选中"（D：）"盘符，如图 1-70 所示，然后用鼠标左键单击"确定"按钮。

（3）弹出"（D：）的磁盘清理"对话框，用鼠标左键选中"回收站"前的复选框，如图 1-71 所示，接着用鼠标左键单击"确定"按钮完成磁盘清理。

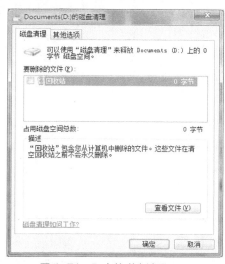

图 1-70　选择驱动器对话框　　　　图 1-71　D 盘的磁盘清理

2．设置磁盘清理任务

（1）打开"开始"菜单，选择"所有程序"｜"附件"｜"系统工具"｜"任务计划程序"，如图 1-72 所示，用鼠标左键单击该选项，调用"任务计划程序"，弹出"任务计划程序"窗口，如图 1-73 所示。

图 1-72　调用"任务计划程序"　　　　图　1-73　计划任务程序

（2）在"任务计划程序"窗口右侧的"任务计划程序"库中选中"创建基本任务程序向导"项，弹出"创建基本任务向导"对话框，如图 1-74 所示。

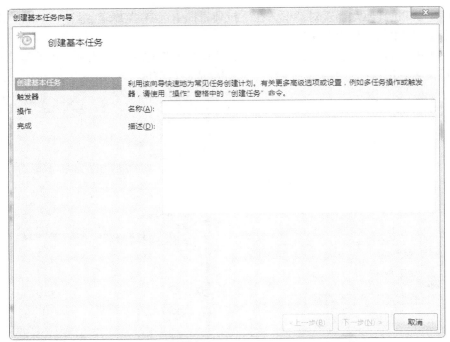

图 1-74 "创建基本任务向导"窗口

（3）输入创建基本任务的"名称"及"描述"，如图 1-75 所示，单击"下一步"按钮转到"任务触发器"设置界面，如图 1-76 所示。

图 1-75 "创建基本任务向导"窗口

图 1-76　任务触发器

（4）在"任务触发器"操作界面，选中"每周"后单击"下一步"按钮转到下一步操作界面，设置任务起始时间为"2014 年 1 月 1 日 12:30"并勾选"星期五"复选框，如图 1-77 所示。

图 1-77　任务计划设置 1

（5）单击"下一步"按钮进入"操作"界面，如图 1-78 所示。选中"启动程序"选项后单击"下一步"按钮进入"启动程序"界面，如图 1-79 所示。

图 1-78　任务计划设置 2

图 1-79　任务计划设置 3

（6）在"启动程序"界面单击"浏览"按钮，在路径"C:\Windows\System32\"下选中并打开"cleanmgr.exe"程序，如图 1-80 所示。单击"下一步"按钮，进入"向导完成"界面，单击"完成"按钮完成向导设置，如图 1-81 所示。

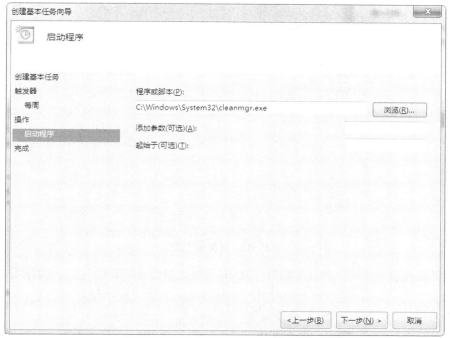

图 1-80　任务计划设置 4

图 1-81　任务计划设置 5

3．安装打印服务器，设置打印机共享属性

（1）打开"控制面板"窗口，鼠标左键双击"设备和打印机"图标打开窗口，如图 1-82 所示。

图 1-82　设备和打印机

（2）鼠标左键单击"添加打印机"，弹出对话框如图 1-83 所示，进入添加打印机向导。

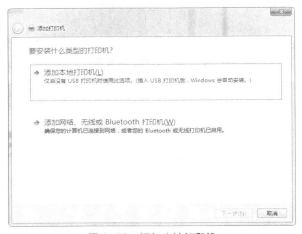

图 1-83　添加本地打印机

（3）选择"添加本地打印机"，弹出对话框如图 1-84 所示。

图 1-84　添加打印机 1

（4）鼠标左键单击"下一步"按钮，弹出"安装打印机驱动程序"界面。分别选中厂商"Epson"及打印机"Epson AL-2600"，如图 1-85 所示。

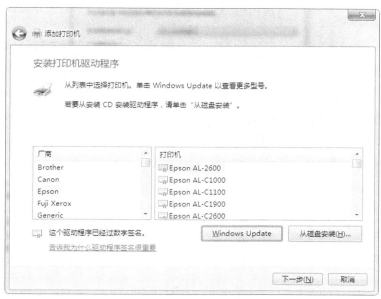

图 1-85　添加打印机 2

（5）单击"下一步"按钮，弹出窗口如图 1-86 所示。输入打印机名称后，再次单击"下一步"按钮，弹出"打印机共享"界面。

图 1-86　添加打印机 3

（6）在"打印机共享"界面中修改"共享名称"为"Epson"，如图 1-87 所示。单击"下一步"按钮进入"测试页"打印页面，单击"完成"完成打印机共享设置，如图 1-88 所示。

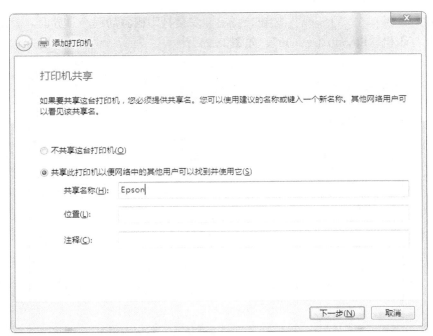

图 1-87　共享打印机

图 1-88　添加打印机完成

（7）完成打印机安装、共享后再次打开"控制面板" | "设备和打印机"，选中添加的打印机"Epson AL-2600"，如图 1-89 所示。

（8）单击打开"打印服务器属性"对话框，如图 1-90 所示。打开"高级"选项卡并选中其"远程打印文档出错时发出响声"，如图 1-91 所示。

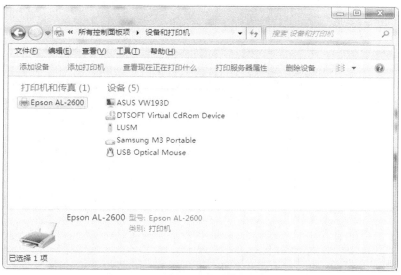

图 1-89　打印机和传真机

图 1-90　打印机服务器属性

图 1-91　打印机服务器属性设置

（9）打开"安全"选项卡，在"组或用户名"列表框中选择"Everyone"，然后选中"Everyone 的权限"列表框中"允许""打印"的复选框，如图 1-92 所示。鼠标左键分别单击"应用"按钮和"确定"按钮，完成全部设置。

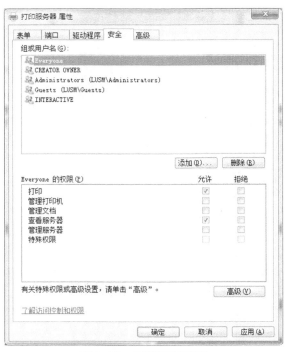

图 1-92　打印机权限设置

复习题

1. 设置系统在 30 分钟后关闭监视器，在 1 小时后计算机休眠。
2. 建立磁盘清理程序的任务，要求每周一晚上 9 点执行磁盘清理程序的任务。
3. 设置 C 盘文件夹 "TEST" 为只读共享访问，共享名为 "TEST_NET"。
4. 在 LPT1 端口安装一台惠普 HP 910 打印机，取名为 "my printer"，并允许其他网络用户共享这台打印机，共享名为 "printer"。
5. 查找本地驱动器中于 2014 年 3 月 1 日创建的所有 Word 文档。

PART 2

任务 2
Word 2010 文字与表格编排

- 基本操作
- 文档视图
- 字符格式与设置
- 段落格式与设置
- 文档样式与应用
- 项目符号和编号及设置
- 表格制作与编辑

　　Word 2010 是 Microsoft 公司的 Office 2010 常用组件之一，主要用来编写和修改文档，进行电脑写作，也能利用它制作复杂的表格，还能插入图片和绘制图形和艺术文字等。因此，Word 是图文兼表格处理软件。通过在 Word 文档中插入图片、编辑表格，可使单调的文字说明变成图文并茂的多媒体文档。目前，无论书写计划、报告、总结、备忘录、礼仪及商务文书，还是发电子邮件、发表文章、编书、写毕业论文等，都离不开 Word 文档。

实训 2.1——Word 2010 入门

　　Word 的基本功能是编写和修改文档，本实训首先训练使用 Word 文档的基本操作，然后介绍 Word 文档视图、字符格式、段落格式、文档样式、项目符号和编号等基本知识。

2.1.1 基本操作

Word 基本操作有：启动 Word，新建、打开文档，录入编辑文字，存盘、打印、关闭等。

1．启动 Word

运行 Word 软件之前，必须先在计算机上安装好 Office 办公软件。

通过双击桌面快捷方式图标█，或单击 Windows 操作系统的菜单"开始"│"所有程序"│"Microsoft Office"│"Microsoft Office Word 2010"命令，便可启动 Word 软件，打开其窗口，如图 2-1 所示。

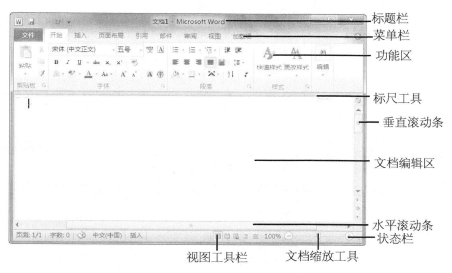

图 2-1　Word 2010 窗口

2．新建、录入、存盘和关闭 Word 文档

默认情况下，将新建一个名为"文档1"的空白文档（见图 2-1），文档默认视图为页面视图。

在图 2-1 中，从上而下，依次有标题栏、菜单栏、工具栏（包含多项常用工具），中间白色部分是文档编辑区，用于输入和编辑文档内容，文档编辑区右上角是标尺工具，单击可出现水平和垂直标尺（再次单击，取消显示标尺），往下是垂直滚动条，文档编辑区下面是水平滚动条和状态栏，状态栏的左侧显示页面字数等信息，中间是 4 种视图工具，最右侧是文档缩放工具，拖动可以缩放整个文档显示幅面。其中，标题栏内显示当前正编辑的文件名和"-Microsoft Word"文字，如"文档 1-Microsoft Word"。

如果要再新建一个文档，可单击菜单栏的"文件"│"新建"命令，切换到文件新建窗口，如图 2-2 所示，在中间区域会显示可用模板，如果不用模板，选中"空白文档"，单击右下角的"创建"命令就新建了一个文档，默认文件名为"文档 2"。

注意

　　Word 2010 为用户提供了丰富的模板功能，图 2-2 所示的可用模板是本机已有的模板，可以直接使用；也可使用下面的 Office.com 提供的模板（需要联网），Office.com 模板可在线搜索微软网站上的模板，用户可拖动右侧垂直滚动条并选择其中的一种，软件就会为用户自动执行搜索，用户从中选择一个然后单击右下角"下载"命令即可下载该模板然后使用，如图 2-3 所示。

图 2-2　新建文件窗口

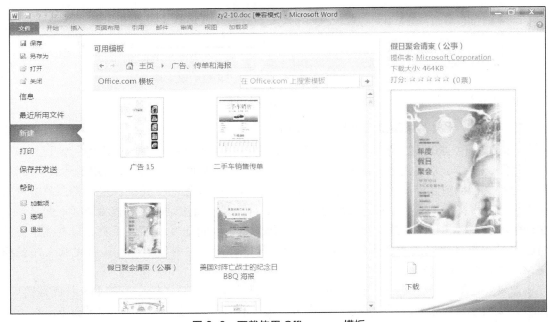

图 2-3　下载使用 Office.com 模板

　　在新建空白文档的光标闪烁处按"Ctrl+空格"组合键（按下"Ctrl"键再按空格键）切换到汉字输入方式，录入古诗《枫桥夜泊》。每句后面按回车键换行，输入完毕，单击标题栏的"保存"按钮 💾，这时，弹出一个如图 2-4 所示的"另存为"对话框，选择保存位置，输入文件名"枫桥夜泊.docx"（其中的扩展名.docx 自动生成，无须输入），按"保存"按钮，即存盘成功。

图 2-4　文件"另存为"对话框

注意

docx 文件是从 Word 2007 开始出现的 Word 文档格式，Word 2007 以及 Word 2010 默认使用此种类型保存 Word 文档。如果用户要保存为兼容 Word 2003 的 doc 文件，只需在下面的"保存类型"中选择 Word 97–2003 类型（*.doc）即可。

文件保存后的 Word 窗口如图 2–5 所示，这时的标题栏自动显示所保存的文件名。存盘后，单击 Word 窗口右上角的"关闭"按钮 ![X]，关闭 Word 窗口及其文档。

图 2-5　存盘后的 Word 界面

关于"自动保存"，默认情况下，Word 每隔 10 分钟自动保存被编辑文档到一个临时性的用于"恢复"的文件中。如果发生了死机等意外事件，重新启动计算机时，Word 会打开所保存的"恢复"文件，用户可将其另存为正常的文档。可以重新设置自动保存参数，如把自动保存间隔设为 5 分钟等，方法：单击"文件"|"选项"|"保存"命令，在弹出的"Word 选项"对话框中选择"保存"选项卡，选择相应选项，如图 2-6 所示。

图 2-6 "Word 选项"对话框

 注意　自动保存不能代替用户自己保存文件的操作，它只是意外情况下的一种挽救措施。为最大限度减少损失，在进行电脑操作时，应及时保存文件。

当第一次单击"保存"按钮保存文件时，会弹出"另存为"对话框，以选择保存位置和文件名；以后再单击该按钮就不会弹出"另存为"对话框了，这给初学者一个错觉，认为文件没有被保存，其实，它已经把最新更改的内容保存到相同名称的文件了。如果要把打开的文件另存为其他文件名，可以选择"文件"|"另存为"命令，这相当于复制了一份文档。

输入文字时，默认情况下，"Ctrl+空格"组合键是中、英文输入的切换开关，"Ctrl +Shift"组合键用于各种汉字输入方法间的转换。汉字和一般标点符号在中文输入方式下直接从键盘输入。如果要输入一些特殊符号，可通过单击"插入"菜单，然后选择工具栏右侧"符号"一栏的"符号"按钮，在弹出的符号面板（见图 2-7）中选择；如果面板中没有，可继续单击下方的"其他符号"，在弹出的面板中进行详细选择，如图 2-8 所示。

图 2-7 插入符号面板

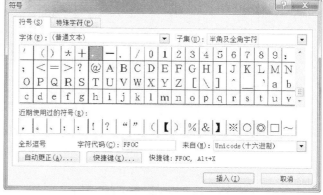

图 2-8 其他符号面板

3．Word 文档的打开、查看和打印

在 Word 窗口中单击菜单栏的"文件"命令，然后单击菜单项的" 📂 打开"按钮，在弹出的"打开"对话框中，从左侧选择文件的正确路径，在右侧选中要打开的文件，单击"打开"按钮即可打开。如打开刚才保存的文件，选择路径后选择文件"枫桥夜泊.docx"后单击"打开"按钮（见图 2-9），即可打开已存盘的文件，并可查看文件所存放的内容。

图 2-9 "打开"文件对话框

打开文件后，便可对里面的内容进行增删改，然后再单击"常用"工具栏中的"保存"按钮，把更改过的文件内容保存到磁盘。

如果计算机已连接到打印机，可把文件内容打印出来。通过单击"文件"|"打印"命令，可进行打印设置，在打印界面中设置打印份数，选择或设置打印机、页面范围、单双面打印、打印幅面等，设置完成后，单击打印份数左侧的打印机图标即可完成打印，如图 2-10 所示，界面右侧显示为打印预览效果。

图 2-10 文档打印界面

2.1.2 文档视图

Word 2010 文档有 5 种可视化的图样,称为文档"视图",分别如下。

(1)页面视图。

(2)阅读版式视图。

(3)Web 版式视图。

(4)大纲视图。

(5)草稿视图。

其中,页面视图是默认的视图(图 2-1 显示的就是页面视图),也是最常用的视图,因为它像在普通打印纸上一页页书写文档内容一样,显示效果与打印效果几乎一样,具有"所见即所得"功效。由于该视图直观,对于图、文、表并存的多媒体文档排版特别方便。

其余 4 种视图各有特色,阅读版式视图是专为方便在电脑屏幕上阅读文档而设置的,它屏蔽了工具栏菜单栏等,只留下了"保存""工具"等极少几个按钮在左上角,用户可以选择进行全屏幕阅读,能充分利用屏幕的大小和布局,如图 2-11 所示,单击右上角"关闭"按钮可退出该视图;Web 版式视图用于创建能在屏幕上显示的网页或文档,它像一个网页一样一次展示一个文档的全部内容;在大纲视图中,可通过折叠文档查看主要标题,或者展开文档查看标题内容,还可以通过拖动标题来移动、复制和重新组织文档,适合于多章节的文档如书籍、论文等的编辑;草稿视图适宜一般文字的输入和编辑,分页用虚线表示。

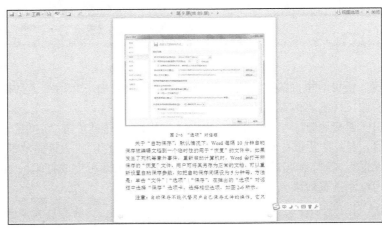

图 2-11 阅读版式视图

用户可通过单击菜单栏的"视图"菜单，切换到视图面板，选择不同视图，调整标尺、网格线等辅助工具，调整显示比例、多个窗口的排列方式等内容。

2.1.3　字符格式

格式是文档中文字和段落等显示的规格和模式，如中文正文常用宋体小四号黑色显示，行距可以设置为单倍行距或者双倍行距等。

Word 2010 的字符控制主要集中于"开始"面板中，如图 2-12 所示。如果需要更详细地设置，可以单击每个子面板，如字体子面板右下角的 图标打开对应的详细设置对话框，如图 2-13 所示，同理可单击段落和样式子面板右下角的 图标打开对应的详细设置对话框。

图 2-12　字符格式相关选项集成在"开始"面板中

格式分字符格式和段落格式两种。本小节先介绍字符格式的设置。

Word 默认中文字体是宋体，英文字体是 Times New Roman，字号是五号，字型是"常规"，可根据需要改变文档中字体、字号、字型、装饰、上标下标等的设置，如果要设置颜色，单击 A 右侧的向下三角符号，可弹出常用颜色面板，如图 2-14 所示，如果想选择更丰富的颜色，可单击下方的"其他颜色"选项进一步设置，这就是字符格式，也叫字体格式。

字体字号颜色等可直接在字体子面板中设置，也可在"字体"对话框中设置。

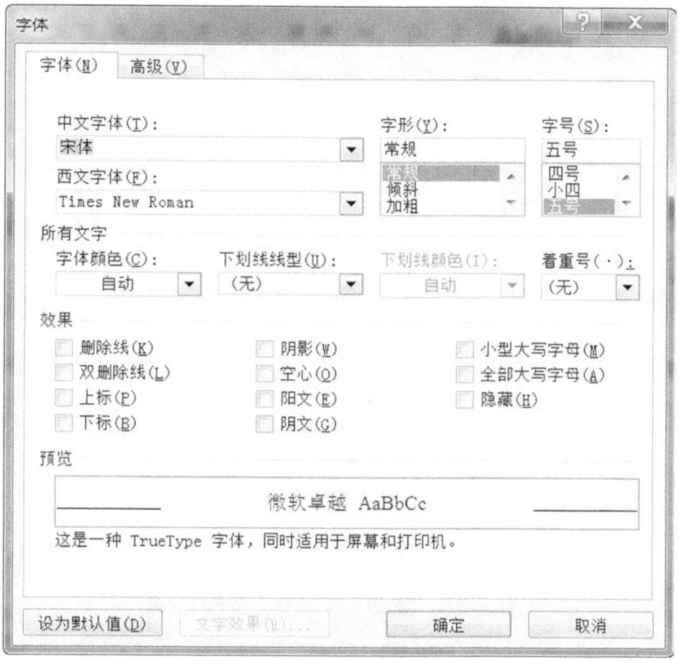

图 2-13　"字体"对话框

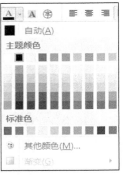

图 2-14 字体颜色设置面板

在"字体"对话框 中还可设置下画线、下画线颜色及粗细、删除线、上标、下标及文字拼音等。设置之前应先选择要设置的文字或字符。

注意 下画线及其颜色也可通过单击 U ▾ 按钮进行设置。

字符间距默认是"标准"间距，可在"字体"对话框的"高级"选项卡中修改字符间距为"加宽"或"紧缩"，如图 2-15 所示。

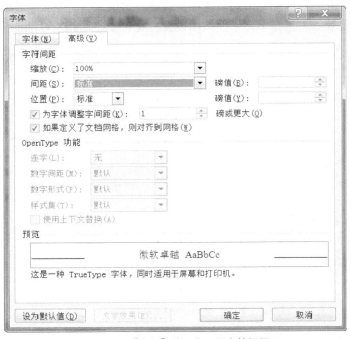

图 2-15 "高级"选项卡设置字符间距

2.1.4 段落格式

段落格式用于控制段落的外观，段落的格式有：左右缩进、特殊格式（首行缩进、悬挂缩进），对齐方式，段前／段后间距、行距，首字下沉或悬挂，段落分栏，中文版式等。

Word 文档段落标记是回车符"↵"，按"Enter"键，表示一段到此结束。

是否显示段落标记"↵"，可通过单击段落子面板右上角中的 ↵ 按钮来实现，该按钮是开关式的，当段落标记显示时单击它，则隐藏所有段落标记；反之则显示出来。

执行段落设置之前，先要定位段落：把光标放在要设置的段落中任意一处便可定位段落。

1．设置段落左、右缩进、首行缩进和悬挂缩进

"两端对齐、单倍行距"是段落的默认格式。中文段落首行要缩进两个汉字。通常，在段落首字符前面键入 4 个（英文）空格，即可实现首行缩进。

悬挂缩进是段落中除首行外其他行的缩进。左、右缩进界定了整个段落所在的水平范围。

段落左、右缩进、首行缩进和悬挂缩进可直接用鼠标在标尺中相应位置进行调整（如果文档当前处在页面视图但是无标尺，可以单击右侧垂直滚动条上方的 ▣ 按钮调出标尺），缩进的调整如图 2-16 所示。

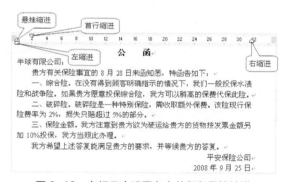

图 2-16　在标尺中设置左右首行和悬挂缩进

2．设置段落对齐方式

设置段落对齐方式可使用段落子面板中 5 个对齐按钮 ▤ ▤ ▤ ▤ ▤ ，分别表示左对齐、居中对齐、右对齐、两端对齐和分散对齐，若这 5 个按钮均未按下，则是左对齐方式。

3．设置段前/段后间距、行距

设置段前/段后间距步骤如下。

（1）光标定位在要设置的段落中任一位置。

（2）打开"段落"对话框（见图 2-17），在"间距"选项组进行相应的设置即可。

设置行距步骤如下。

（1）光标定位在要设置的段落中任一位置。

（2）在"段落"子面板中单击 ▤ 按钮，在弹出的面板中设置常见的行距，如果没有，则可单击里面的"行距选项"命令打开"段落"对话框进行详细设置（见图 2-17）。

其中行距的度量单位有：字符、厘米、行和磅等。

图 2-17 "段落"对话框

4．设置段落首字下沉或悬挂

有时，文档界面比较单调，我们可把每段开头的第一个字放大些，如占两行位置等，这就是"首字下沉"。

设置段落首字下沉的步骤如下。

（1）把光标定位在要设置段落的任一位置。

（2）选择"插入"|"首字下沉"按钮，可设置首字下沉。如果要调整默认的首字下沉设置，可单击首字下沉子面板的"首字下沉选项"打开如图 2-18 所示的"首字下沉"对话框，默认下沉行数为 3，可设置为 2 等，再单击"确定"按钮即可。

在"首字下沉"对话框中还可设置"首字悬挂"，如图 2-19 所示。

图 2-18 设置首字下沉

图 2-19 设置首字悬挂

5．设置段落分栏

段落或版面分栏在报纸和杂志中用得非常普遍。

设置段落分栏的步骤如下。

（1）拖曳鼠标选择要分栏的段落或区域。

（2）选择“页面布局”|“分栏”按钮，弹出“分栏”子面板，如图 2-20 所示。

（3）选择需要分栏的栏数，如“两栏”，如想自行设置可单击下方的“更多分栏”选项进行设置。

（4）单击“确定”按钮，效果如图 2-21 所示。

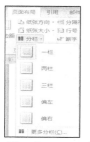

图 2-20 “分栏”子面板

这三种窗格使得用户可以在同一屏幕使用演示文稿的各种特征，通过拖动相应的窗格边框可调整不同窗格的大小。普通视图是PowerPoint 2003 默认的工作视图，在该视图种一次只能操作一张幻灯片。
大纲窗格：使用大纲窗格可组织和开发演示文稿中的内容。可以键入演示文稿中的所有文本，然后重新排列项目符号点、段落和幻灯片。
幻灯片窗格：在幻灯片窗格中，可以查看每张幻灯片中的文本外观。可以在单张幻灯片中添加图形、影片和声音，并创建超级链接以及向其中添加动画。

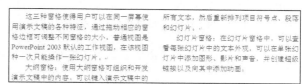

图 2-21 “分栏”的文字段落

2.1.5 文档样式

字有大有小（用“字号”表示），字体有宋体、仿宋体、隶书和楷体等，颜色有红有黑，行距有密有疏，这就形成了文字和段落的“格式”。

“样式”就是命名的应用于文本的一系列格式总和，利用它可以快速改变文字和段落的外观。

默认样式是“正文”样式，该样式使用频率最高，一般用于文档的正文部分，其字体为宋体，字号为五号，颜色为黑色，行距为单倍。此外，“标题 1”、“标题 2”、“标题 3”等样式也经常使用，其中标题 1 样式的字体大于标题 2 的，标题 2 的字体又大于标题 3 的，依此类推，Word 2010 共设置了 9 级默认标题供用户使用。可在“开始”菜单下的“样式”子面板中找到大部分，如图 2-22 所示。如果要使用更加详细的设置，可以单击“样式”子面板右下角的 图标打开“样式”对话框选择使用，如图 2-23 所示。

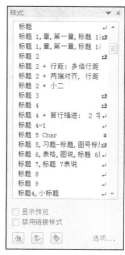

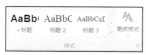

图 2-22 快捷样式工具栏

图 2-23 “样式”对话框

可按需要改变文档中部分文字的样式。应用样式的步骤如下。

（1）选择要改变样式的文字，一般是一段或一行文字，也可以是一个词组或一个表格（选择后的内容将反白显示）。

（2）在快捷样式工具栏中选择相应的样式（见图 2-22），或者在"样式"对话框（见图 2-23）中选择使用。

除了在文档中使用已有的样式，还可自行创建、修改或删除样式，除此之外，还可以单击快捷样式工具栏右侧的 按钮选择软件集成的样式集使用。

2.1.6 项目符号、编号和多级列表

在段落中可设置项目符号和编号，项目符号和编号属于段落的一种格式。例如，在"枫桥夜泊.docx"文件中拖曳鼠标选择最后 4 行（因每行用回车符结束，所以相当于 4 个段落），这时选中的内容会以反白方式显示，然后单击"开始"菜单下"段落"子面板中"项目符号"按钮 ，结果如图 2-24 所示。如果单击"编号"按钮 ，则结果如图 2-25 所示。

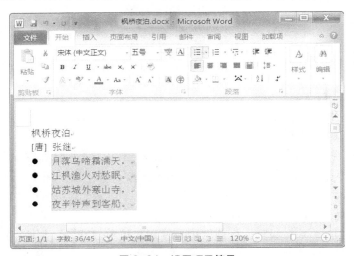

图 2-24　设置项目符号

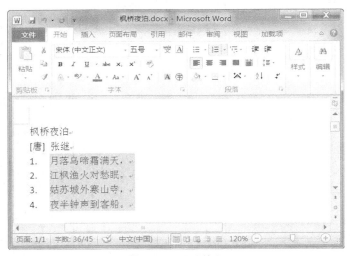

图 2-25　设置编号

上述两种使用的都是默认的项目符号和编号，如果要改变项目符号，步骤如下。

（1）选择要改变项目符号的文字（选择后的内容将反白显示）。

（2）单击按钮 ≣ 右侧的 按钮，弹出"项目符号"子面板，如图 2-26 所示，选择所要使用的项目符号即可。例如，图 2-27 所示的文档就是使用了项目符号库的项目符号后的效果。如果还想使用更多的项目符号，单击"项目符号"子面板下方的"定义新项目符号"选项即可。

图 2-26 "项目符号"子面板

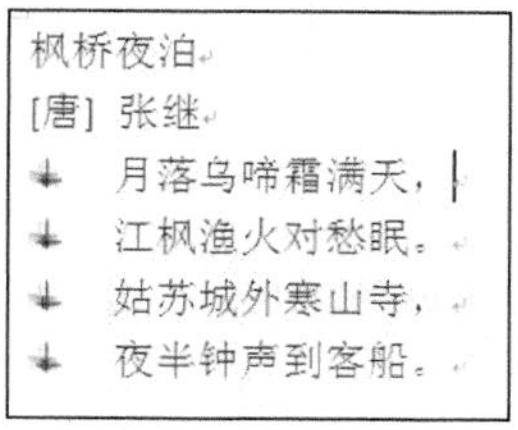

枫桥夜泊
[唐] 张继
→ 月落乌啼霜满天，|
→ 江枫渔火对愁眠。
→ 姑苏城外寒山寺，
→ 夜半钟声到客船。

图 2-27 使用其他项目符合

如果要改变编号的图标，步骤如下。

（1）选择要改变编号的文字（选择后的内容将反白显示）。

（2）单击按钮 ≣ 右侧的 按钮，弹出"编号格式"子面板，如图 2-28 所示，选择所要使用的编号格式即可。例如，图 2-29 所示的文档就是使用了新的编号格式后的效果。如果还想使用更多的编号格式，单击"编号格式"子面板下方的"定义新编号格式"选项即可。

在已设置了一级项目符号或编号的情况下，还可以设置多级项目符号或编号，这样就形成了多级列表。

例如，将图 2-29 中所示文字选择后单击段落子面板中的 ≣ "增加缩进量"按钮，形成如图 2-30 所示形式文字，然后选择后面 4 段诗句，单击段落子面板中的 ≣ "多级列表"按钮，在弹出的"列表"子面板（见图 2-31）中选择其中一种应用，图 2-32 所示的多级列表就是使用当前列表后形成的多级列表，用户也可以单击下面的"定义新的多级列表"选项和"定义新的列表样式"选项自定义新的多级列表和列表样式。

图 2-28 "编号格式"子面板

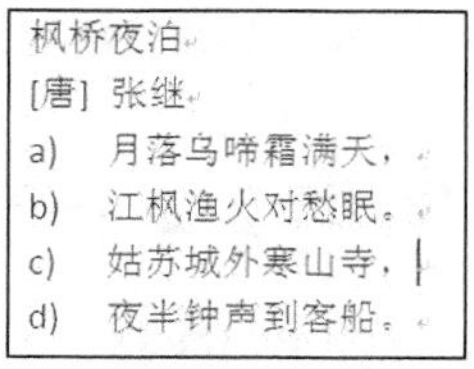

枫桥夜泊
[唐] 张继
a) 月落乌啼霜满天，
b) 江枫渔火对愁眠。
c) 姑苏城外寒山寺，
d) 夜半钟声到客船。

图 2-29 使用其他编号格式

枫桥夜泊
[唐] 张继
月落乌啼霜满天，
江枫渔火对愁眠。
姑苏城外寒山寺，
夜半钟声到客船。

图 2-30　增加缩进后的文字

图 2-31　列表子面板

枫桥夜泊
[唐] 张继
1. 月落乌啼霜满天，
　　a) 江枫渔火对愁眠，
　　　　i. 姑苏城外寒山寺，
　　　　ii. 夜半钟声到客船，

图 2-32　应用多级列表后的文字

注意

如果设置了"自动项目符号列表"、"自动编号列表"（通过选择"文件"|"选项"|"校对"|"自动更正选项"命令，在弹出的如图 2-33 所示的"自动更正"对话框中设置），则在输入完含项目符号或编号的段落并按"Enter"键后，在下一段落开始处会自动加入相应的项目符号或编号。

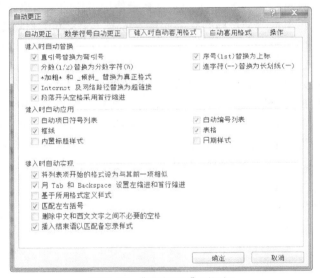

图 2-33　"自动更正"对话框

要取消项目符号或编号，先选择其所在段落，再单击"格式"工具栏的按钮 ≔ 或 ≔ （这些按钮均是开关式的），或者把光标移到项目符号或编号左边，按退格键以删除项目符号或编号。

以上是 Word 文档的基本操作和基本知识，下面再通过具体实训来掌握。

实训 2.2——样式应用、字体设置与表格编辑

2.2.1　实训内容

打开素材文件工作目录\02\zy2-10.docx 下的文件，参照如图 2-34 所示的效果进行编辑，

并将结果以"dj210.docx"为名保存到考生文件夹。

要求如下。

（1）将第一行文字应用"标题 3"样式并居中。

（2）将正文各段设置为：楷体，小四号，各段落首行缩进 2 个字符，行间距为固定值 20 磅；如样文，将"考生文件夹""考试素材文件夹"等段落设为黑体、加粗。

（3）为"考生文件夹""考试素材文件夹"等相应段落添加编号（一、二、……）。

（4）以五号宋体填充表格。

（5）进行相应的表格编辑：包括行列增减、单元格的合并与拆分、文本格式和对齐方式、边框设置等。（要求：各行行高为最小值 0.8 厘米，粗线 1.5 磅，细线 0.5 磅）。

图 2-34　实训 2.2 结果

2.2.2　表格制作与编辑

实训内容涉及表格编辑，在讲述实训步骤之前，先介绍表格的基本知识和基本操作。

在 Word 文档中，可以插入和编辑多种对象，如表格、图片、艺术字、图形、文本框等，也可插入其他类型文件的对象，如 Excel、PowerPoint、Photoshop、AutoCAD 等。

需要强调的是，本实训所说的表格是指 Word 文档内置的表格（而不是 Excel 表）。

1．表格制作

表格中被纵横表格线分隔的小区域，称为"单元格"。

相对而言，表格有简单和复杂之分，如果表格行列整齐划一，则是简单表格；而图 2-34 所示的表格行列结构比较繁杂，是复杂表格。

表格制作包括表格创建、修改，插入行列，表格拆分、合并和删除等。

表格创建方法有：由按钮或菜单自动创建、手动绘制、文本转换为表格等。

使用"插入"菜单项内的"表格"按钮可插入和设置表格，步骤如下。

（1）先把光标移到要建立表格之处。

（2）单击"插入"菜单项内的"表格"按钮 ▦ ，弹出如图 2-35 所示的选择表格行列数的网格，在网格内拖曳鼠标便可选择行列数，如选择 5 行 4 列的表格。

（3）松开鼠标，便在光标处自动建立了所选行列数的表格，如图 2-36 所示。

简单表格还可通过菜单创建，步骤如下。

图 2-35　使用表格工具插入表格

图 2-36　5 行 4 列表格

（1）把光标移到要建立表格的地方。

（2）选择""插入"｜"表格"｜"插入表格"命令，弹出如图 2-37 所示的"插入表格"对话框。

（3）在对话框中选择表格列数和行数等参数，如 5 列 4 行。

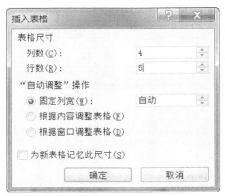

图 2-37　"插入表格"对话框

（4）单击"确定"按钮，完成表格创建。

也可手动绘制表格，步骤如下。

（1）选择"插入"｜表格"｜"绘制表格"命令（见图 2-35），用户的鼠标会变为绘制表格形状 ✐（如果想取消绘制，按"Esc"键可退出绘制状态），将鼠标移到需要绘制表格的地方并拖曳鼠标，松开鼠标后就绘制了一个一行一列的基本表格。

注意

　　完成上述操作后，此时 Word 软件会智能地自动在菜单栏添加"表格工具"菜单，"表格工具"具有"设计"和"布局"两个选项卡，并显示对应的功能区，关于表格的所有修改和设置都包含在这两个选项卡中，如图 2-38 和图 2-39 所示。当绘制表格完成、选中文档中已有的表格或者光标置于已有表格的单元格时，"表格工具"菜单都会自动出现。

图 2-38 "表格工具"菜单的"设计"选项卡及其功能区

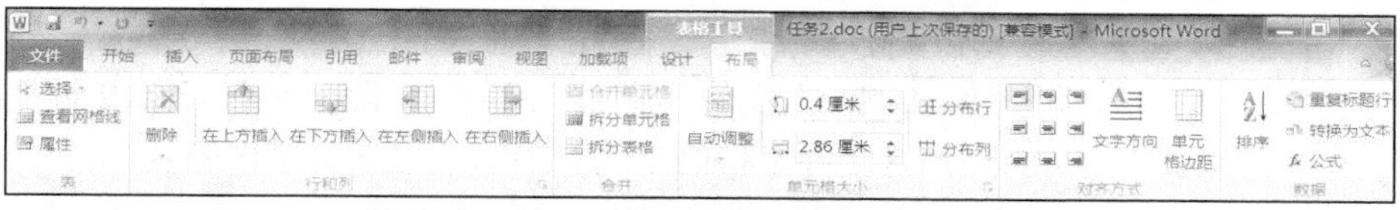

图 2-39 "表格工具"菜单的"布局"选项卡及其功能区

（2）使用继线（斜线），自由绘制时可以形成简单表格或者复杂表格，如图 2-40 所示，续在已的有一行一列表格中绘制，可以分别绘制表格内部的横线、竖线；也可绘制单元格对角。

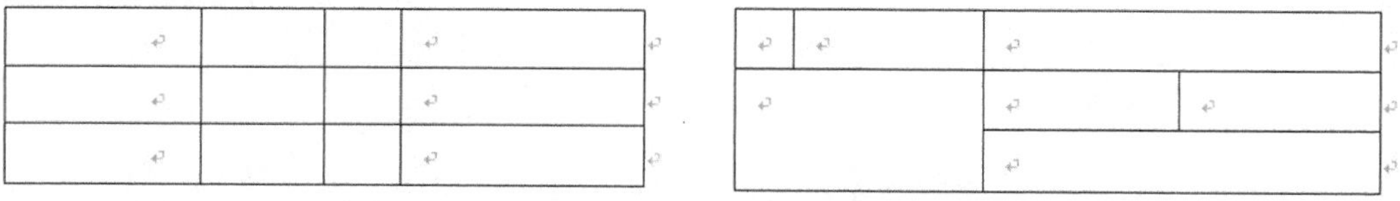

图 2-40 "绘制表格"完成的简单表格和复杂表格

（3）绘制过程中，如果觉得需要去掉某些线段或直线，可以选择"表格工具"菜单"设计"选项卡功能区右侧的"擦除"按钮 📝，再单击需要擦除的线。擦除后，再单击一次"擦除"按钮（或按"Esc"键），退出擦除状态，注意尽量不要在擦除后形成未闭合的表格或者单元格。

注意 "绘制表格"按钮和"擦除"按钮都是开关按钮，单击进入相应状态，再单击便退出该状态。

在制作表格过程中，往往是两种方法结合使用。一般情况下，通过插入表格按钮自动绘制表格，但绘制出来的表格通常达不到要求，这时，可手动对自动生成的表格进行编辑修改。对于复杂表格，手动绘制会更方便。

使用按钮在表格内插入行、列或单元格，步骤如下。

（1）把光标定位在表格中要插入行、列或单元格的地方。

（2）单击"表格工具"菜单"布局"选项卡的"行和列"子面板中的 📊 按钮，即可实现在当前行的上方插入行，其他 3 种操作对应右边的 3 个按钮，可实现另外 3 种插入行的方式，不再赘述。如果需要插入单元格，单击"行和列"子面板右下角的 📊 按钮，打开如图 2-41 的插入单元格对话框，选择对应选项后单击"确定"按钮即可实现。

2．表格拆分、合并和删除

可把一个表格拆分成上下两个表格，拆分表格步骤如下。

（1）定位光标到表格中要拆分的地方。

（2）单击"表格工具"菜单"布局"选项卡的"合并"子面板的"拆分表格"按钮 📊。两个表格合并的方法很简单，把上下两个相邻表格的分隔行删除，即可合并成一个表格。如果不需要表格了，可将其全部删除，或删除选定的行、列和单元格。

表格删除步骤如下。

（1）选定要删除的行、列、单元格，或整个表格。

（2）单击"表格工具"菜单"布局"选项卡的"行和列"子面板的"删除"按钮 ，在弹出的面板中选择删除行、列、单元格或者整个表格，如果是删除单元格，则弹出图 2-42 所示的"删除单元格"对话框以选择删除方式。

> **注意** 表格删除和按"Delete"键的"清除"不同，清除只是将表格内部的文字内容删除掉，而删除则是删除表格的架构，当然也包括文字内容。

删除整个表格的另一种方法是用鼠标单击表格句柄田以选定整个表格，再单击鼠标右键，在弹出的菜单中选择"删除表格"命令。

图 2-41 "插入单元格"对话框

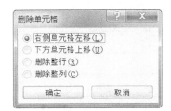

图 2-42 "删除单元格"对话框

3．表格文字输入与编辑

所谓在"表格中"输入文字，实际上是在相应的"单元格"中输入文字。先要把光标定位到要输入文字的单元格中，然后执行对应操作。

> **注意** 除了输入文字，还可插入剪贴画、艺术字等图片和对象。

编辑单元格文字之前，先要定位单元格：直接在单元格中单击鼠标，便可定位单元格。

某些时候（如移动、复制等）需要选择整个单元格的内容，方式有以下 3 种。

（1）鼠标方式：把鼠标指针移到单元格左边，当指针变成斜向箭头 ➚ 时单击即可，如图 2-43 所示。

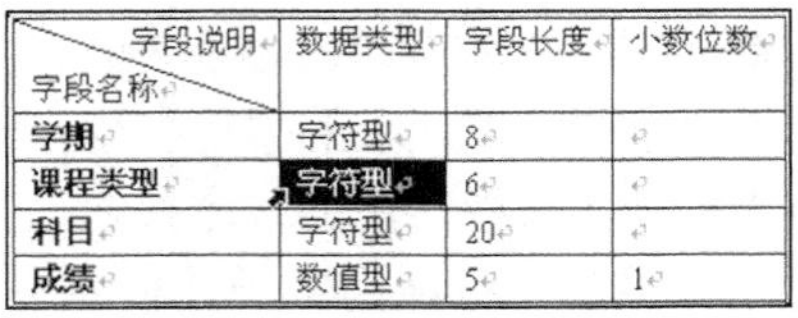

字段说明 字段名称	数据类型	字段长度	小数位数
学期	字符型	8	
课程类型	字符型	6	
科目	字符型	20	
成绩	数值型	5	1

图 2-43 用鼠标选定单元格内容

（2）键盘方式：光标定位于单元格中，按"Shift+End"组合键（笔记本电脑大多没有"End"键）。

（3）菜单方式：光标定位于单元格中，单击"表格工具"菜单"布局"选项卡的"表"子面板中的"选择"按钮，在弹出的面板中选择"选择单元格"命令（面板中的另外 3 个命令可以实现选择行、列和整个表格）。

如果要选择多个相邻的单元格内容，即选择单元格组成的区域，可采用拖曳鼠标法。

注意

如果只将单元格文本移动或复制到新位置，而不修改新位置原有的文本，则只选择单元格中的文本而不包括单元格结束标记（即换行符）；如果要覆盖新位置上原有的文本和格式，则同时选择要移动或复制的文本和单元格结束标记。

4．表格属性设置

表格属性设置有表格大小、对齐方式及文字环绕，行属性、列属性、单元格属性及可选文字属性等。

在设置表格属性之前，先要选择表格或其中的行、列、单元格、单元格区域，方法如下。

选定单元格：单击鼠标，选择一个单元格；拖曳鼠标，选择单元格区域（选择后的内容将反白显示）。

选定行：在表格左边单击，选定所指的行；往下（上）拖曳鼠标可选定多行。

选定列：当鼠标指针停留在表格上边框线而变为 ↓ 形状时，单击即可选择一列；水平拖曳，选择多列。

选择整个表格：单击表格右上角的表格句柄 ⊞（句柄在鼠标经过表格稍作停留时出现）。

调整表格行高和列宽，分为手动调整和菜单调整。

手动调整表格行高和列宽的步骤如下。

（1）把鼠标指针定位于要调整行高的横线（或要调整列宽的竖线）上，这时鼠标指针形状变为上下双向箭头 ≑（或左右双向箭头 ⇔），如图 2-44 所示。

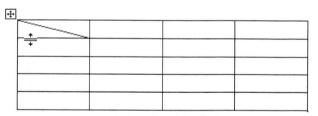

图 2-44　表格句柄及调整行高指针

（2）按下左键直接拖曳鼠标到要调整位置后，松开鼠标即可。

注意

手动调整行高和列宽时，按下"Alt"键并拖曳鼠标，可平滑移动表格线，做细微调整。

水平调整列宽时，如果按下"Shift"键后用鼠标拖曳，则表格线右边的部分将做整体移动（大小不变）；而直接拖曳鼠标，表格线右边的部分会跟着相应变动（大小改变）。

若要使多行、多列或整个表格同时调整为相同高度或宽度，可通过以下步骤实现。

（1）选定要调整的行、列或整个表格。

（2）单击"表格工具"菜单"布局"选项卡的"单元格大小"子面板中"分布行"按钮 ⊞（调整列单击"分布列"按钮 ⊞）；或者在其上右击鼠标，在弹出的菜单中选择"平均分布各行"或"平均分布各列"命令，如图 2-45 所示。

图 2-45 表格右键菜单

图 2-46 "表格"菜单

要精确设定行高或列宽，步骤如下。

（1）选定要调整的行、列或整个表格。

（2）找到"表格工具"菜单"布局"选项卡"单元格大小"子面板的输入框 1.03 厘米 ，里面的数值是当前选区的长度数值，改为要调整的数值即可（调整宽度在 里面输入或者修改）；或者在其上右击鼠标，在弹出的菜单中选择"表格属性"命令，弹出如图 2-47 所示的"表格属性"对话框，选择"行"或"列"选项卡，直接在上面设置即可。

图 2-47 "表格属性"对话框

要调整整个表格大小，操作如下。

（1）把光标移到表格右下角。

（2）出现如图 2-48（a）所示的小方块和双向斜线箭头后，直接拖曳鼠标即可，如图 2-48（b）所示。

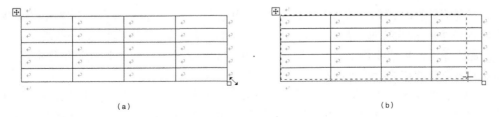

（a）　　　　　　　　　　　　　　（b）

图 2-48 调整整个表格大小

也可通过"表格属性"对话框中的"表格"选项卡指定整个表格的宽度，如图2-47所示，单击尺寸下方的复选框即开启调整，度量单位可以选择"厘米"或"百分比"。

单元格的大小除了可手动设置外，也可在"表格属性"对话框的"单元格"选项卡中精确设置其大小或百分比。

单元格的对齐方式也有水平和垂直两个方向，共形成9种对齐方式，单击"表格工具"菜单"布局"选项卡"对齐方式"子面板的 其中一个即可，其中，"两端"对齐默认为左对齐。此外，还可在"表格属性"对话框的"单元格"选项卡中设置单元格的垂直对齐方式。

注意　关于单元格内容对齐的设置，还可在选择单元格后单击鼠标右键，在弹出的菜单中选择"单元格对齐方式"，在弹出的9种对齐选项中选择即可。

5．单元格合并与拆分

合并单元格是把表格内多个相邻的单元格合并成一个，步骤如下。

（1）拖曳鼠标选中多个相邻单元格。

（2）单击"表格工具"菜单"布局"选项卡"合并"子面板的"合并单元格"按钮 ；或者右击鼠标，在弹出的菜单中选择"合并单元格"命令即可。

注意　也可用擦除表格线方法合并单元格；用户未正确选择要合并的单元格时按钮不可用。

拆分单元格是把一个或多个相邻单元格拆分为若干个，步骤如下。

（1）选中一个、一行、一列单元格或多个相邻单元格。

（2）单击"表格工具"菜单"布局"选项卡"合并"子面板的"拆分单元格"按钮 ，弹出如图2-49所示的对话框，设定要拆分的列数和行数，单击"确定"按钮即可。

图2-49　"拆分单元格"对话框

6．表格格式化

表格格式化包括设置表格字体、文字方向、表格对齐方式及页面文字环绕、边框和底纹等。

表格字体设置与一般文档字体设置一样，请参阅2.1.3字符格式与2.1.5文档样式部分。

默认情况下，文字从左向右按水平方向排列，可更改表格中的文字方向，以使文字垂直或平躺显示。

更改表格中的文字方向步骤如下。

（1）选择一个或多个要更改的表格单元格。

（2）单击"表格工具"菜单"布局"选项卡"对齐方式"子面板的"文字方向"按钮 ，

可将文字改为竖向排列，此时"文字方向"按钮变为 ⫴ ，再次单击可变回横向排列。

对于表格中单元格文字对齐方式前面已有叙述，现介绍整个表格的对齐方式及页面文字环绕。

整个表格可看作一个大字符或占位符，默认情况下占据文档页面一行位置，水平对齐方式为居中对齐，周围没有其他文字环绕，如图 2-47 所示的"表格属性"对话框中的"对齐方式"和"文字环绕"两项就是用来设置表格与周围文字或图片的关系的，示例如图 2-50 所示。

| 正式考试时，考生将拿到1张"考生选题单"，考生应选作"考生选题单"指定的题目。 | | | |
| 例如：若考生拿到上表所示"考生选题单"，则表明考生应作第一单元的第1题，第二单元的第3题，第三单元的第2题，依次类推。 | | | |

图 2-50　设置"右对齐"和"环绕"后的表格

如要设置表格的边框和底纹，通过添加边框，用颜色、图案或底纹填充单元格可以增强表格的效果，可以使用"表格工具"菜单"设计"选项卡"表格样式"子面板来快速美化表格。

与普通文档排版中的"边框和底纹"类似，整个表格或表格的一部分区域也可设置边框和底纹，步骤是首先选择表格单元格区域，再选择下面两种方法中的一种进行设置。

方法一：单击"表格工具"菜单"设计"选项卡"表格样式"子面板中"底纹"按钮 进行设置，在弹出的面板中选择底纹颜色或者单击"其他颜色"进行进一步详细选择。

单击"底纹"按钮下方"边框"按钮右侧的 按钮可快速设置边框框线，单击"表格工具"菜单"设计"选项卡"绘图边框"子面板中的"线型"下拉列表框 ——————— 可快速设置线型，可选择单实线、虚线、双线等；在"粗细"下拉列表框 0.5磅 ——————— 可选择线宽，单位为磅。

方法二：通过单击"边框"按钮 ，可调出如图 2-51 的"边框和底纹"对话框，在其"边框"选项卡中可设置边框的详细情况（单击"边框"按钮右侧的 按钮，在弹出的面板中选择"边框与底纹"或者单击"绘图边框"子面板右下角的 按钮都可以调出"边框与底纹"对话框）。

注意　表格边框和内框线还可通过单击绘制表格按钮 手动绘制。

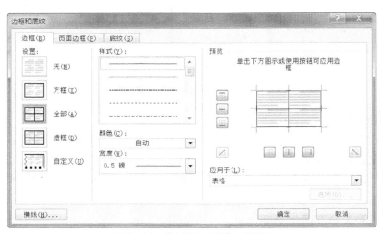

图 2-51　"边框和底纹"对话框

2.2.3 实训步骤

有了前面的基础知识，便可进行实训的操作，具体步骤如下。

1．启动 Word，打开文件

启动 Word 2010 软件，打开素材工作目录\02\zy2-10.docx 文件，文件内容如图 2-52 所示。

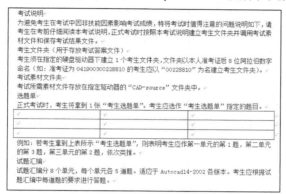

图 2-52 文件内容（实训素材）

2．将第一行文字应用"标题 3"样式并居中

首先选中标题行"考试说明"，然后单击"开始"菜单栏"样式"子面板内的"样式"快捷工具栏中的"标题 3"；再单击"段落"子面板中的"居中"按钮 ≡ 即可，效果如图 2-53 所示。

图 2-53 应用标题 3 样式并居中

提示

关于如何选择 Word 文件的词、句、行、段等文本块，有一些快捷方法，列举如下。

选择一个词：双击该词任一位置。

选择一个句子：按下"Ctrl"键，再用鼠标单击要选择句子的任何位置，则可选中以句号结束的整个句子。

选择一行：移动鼠标到该行左侧，使光标变为 ⤢，再单击鼠标左键。

选择多行：移动鼠标到行左侧，光标变为 ⤢ 形状后拖曳鼠标。

选择一段：移动鼠标到该段左侧，光标变为 ⤢ 后双击鼠标。

选择整个文档：移动鼠标到文档左侧，光标变为 ⤢ 后三击鼠标左键。

3．设置正文字体、行间距，设置各段落首行缩进

首先选择正文内容：把光标移到文件第二行（正文开头）左边，光标形状变为 ⤢ 后从上到下拖曳鼠标（进行多行选择）。选择后文字反白显示。

单击"字体"子面板中的"字体"下拉列表框 宋体 右侧的 ˅ 按钮，在弹出的字体选择列表框中选择"楷体"，再单击"字号"下拉列表框 五号 右侧的 ˅ 按钮，在弹出的"字号"下拉选择列表框中选"小四"，这样便设置了正文为楷体小四号。

单击"开始"菜单"段落"子面板右下角按钮 ，弹出"段落"对话框，在"缩进"选项组中，选择"特殊格式"下拉列表框为"首行缩进"，磅值为 2 字符；在"间距"选项组中，选择"行距"下拉列表框为"固定值"，设置值为 20 磅，如图 2-54 所示。

这样便完成了"正文小四楷体、行间距为 20 磅，各段落首行缩进 2 个字符"的设置。结果如图 2-55 所示。

图 2-54　设置段落首行缩进及行间距

图 2-55　设置正文字体、行间距和段落首行缩进

注意　　如果用户的 Word 选项"文件"｜"选项"｜"高级"中"显示"板块的"为 HTML 功能显示像素"处于选定状态，则需要取消选定，如图 2-56 所示，否则首字缩进就会以像素为度量单位。

图 2-56　设置 Word 选项的"为 HTML 功能显示像素"

4．将"考生文件夹""考试素材文件夹"等段落设为黑体

选择"考生文件夹"段落（也是一行），单击"字体"子面板中的"字体"下拉列表框，

选择“黑体”选项，单击下方的 B 按钮加粗，便把该段落设成了黑体、加粗。

依次对“考试素材文件夹”“选题单”“试题汇编”段落重复上述做法，即可把这些段落设为黑体、加粗。

> **提示** 也可同时选择多个不连续的文本块，方法是选择了第一块后，按住键盘“Ctrl”键不放，再依次选择其他块。这样便可对多个隔离的文本块同时进行同类的编辑。

5．将“考生文件夹”、“考试素材文件夹”等段落添加编号

选中“考生文件夹”段落后，按住“Ctrl”键不放，再依次选择“考试素材文件夹”“选题单”“试题汇编”段落，然后单击“开始”菜单“段落”子面板的 “编号”按钮 右侧的 按钮，在弹出的编号格式子面板选择文档编号格式的第一个编号（一、二、三等）。操作结果如图 2-57 所示。

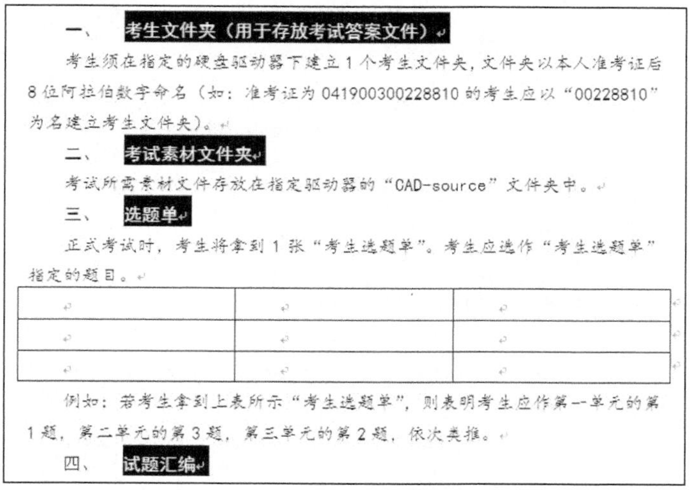

一、 考生文件夹（用于存放考试答案文件）

考生须在指定的硬盘驱动器下建立 1 个考生文件夹，文件夹以本人准考证后 8 位阿拉伯数字命名（如：准考证为 041900300228810 的考生应以“00228810”为名建立考生文件夹）。

二、 考试素材文件夹

考试所需素材文件存放在指定驱动器的“CAD-source”文件夹中。

三、 选题单

正式考试时，考生将拿到 1 张“考生选题单”。考生应选作“考生选题单”指定的题目。

例如：若考生拿到上表所示“考生选题单”，则表明考生应作第一单元的第 1 题，第二单元的第 3 题，第三单元的第 2 题，依次类推。

四、 试题汇编

图 2-57　段落添加项目编号

6．以五号宋体填充表格

当鼠标经过表格稍作停留时表格左上角出现句柄 ，单击句柄选择整个表格，然后在“字体”下拉列表框中选择“宋体”，在“字号”下拉列表框中选“五号”，这样便设置了表格填充文字为宋体五号。

7．表格编辑

表格编辑包括行列增减、单元格的合并与拆分、文本格式和对齐方式、边框设置等。

首先增加表格行、列数，从原来 3 行 3 列变成 5 行 10 列，方法如下。

把光标定位在表格任一单元格，单击“表格工具”菜单“布局”选项卡“行和列”子面板中的“在上方插入”按钮 两次，插入 2 行（在下方插入行也可以），再重复单击“在左侧插入”按钮 插入列，直到表格扩展到 10 列，得到如图 2-58 所示的 5 行 10 列简单表格。

图 2-58　增加了行列数的简单表格

按要求在表格相应的单元格中输入文字。如果单元格的文字有首行缩进现象，则使用表格句柄选择整个表格，然后单击"开始"菜单"段落"子面板右下角 按钮，弹出"段落"对话框，如图 2-59 所示，在"缩进"选项组中的"特殊格式"下拉列表框中选择"（无）"，再单击"确定"按钮，便可消除单元格的首行缩进，调整结果如图 2-60 所示。

图 2-59　"段落"对话框

准考证号								总分
单元号	一	二	三	四	五	六	七	八
题号	1	3	2	5	5	4	2	1
得分								
评分教师								

图 2-60　添加了文字的表格

合并单元格：用鼠标拖曳"准考证号"到"总分"之间的空单元格，单击"表格工具"菜单"布局"选项卡"合并"子面板中的"合并单元格"按钮 （或者单击鼠标右键，在弹出的菜单中选择"合并单元格"命令）。"总分"下面的 4 个单元格采用同样方法合并为一个。

单击"表格工具"菜单"设计"选项卡"绘图边框"子面板中的"绘制表格"按钮 ，进入绘制表格状态，在表格第一行中间偏右处绘制两条竖线，然后按下"Esc"键退出手工制表状态，再输入"姓名"两个字，结果如图 2-61 所示。

准考证号					姓名				总分
单元号	一	二	三	四	五	六	七	八	
题号	1	3	2	5	5	4	2	1	
得分									
评分教师									

图 2-61　合并单元格并绘制"姓名"单元格

适当调整列宽，第一列"准考证号"通过拖曳鼠标以手动方式调宽些；"一"～"八"单元格所在列调整为相同列宽，方法：拖曳鼠标选择"一"～"八"单元格及其下方的所有单元格（所选区域会反白显示），单击"表格工具"菜单"布局"选项卡"单元格大小"子面板中的"分布列"按钮 ⊞ 即可。

设置单元格文本对齐方式。用表格句柄选择整个表格（所选区域会反白显示），单击"表格工具"菜单"布局"选项卡"对齐方式"子面板中的"水平居中"对齐按钮 ▤ 。

设置行高最小值为 0.8 厘米。选择"准考证号"～"评分教师"这 5 整行，将"表格工具"菜单"布局"选项卡"单元格大小"子面板中的行高输入框 ▥ 0.8厘米 ⬍ 中数据修改为 0.8 厘米即可。

设置边框粗线 1.5 磅，细线 0.5 磅。因为初始表格默认为 0.5 磅细线，所以只需设置粗线即可。先设置表格外侧框线为粗线，方法：通过句柄选择表格，首先调整"表格工具"菜单"设计"选项卡"表格样式"子面板中线型和粗细如图 2-62（a）所示，然后单击"表格工具"菜单"设计"选项卡"绘图边框"子面板中"边框"按钮 ⊞ 右侧的 按钮，在弹出的面板中依次选择上框线、下框线、左框线、右框线，将表格的 4 个边框设置为粗线 1.5 磅，如图 2-62（b）所示即可（注意：每设置一个边框要重新选择一遍表格）。

把表格第 1 行下面和最后 1 列左侧的线变为双细线，方法：将线型和粗细设置为如图 2-62（c）所示 0.5 磅双线，拖曳鼠标选择"准考证号"一整行，选择边框中的"下框线"即可。同理，选择"总分"一整列，选择边框中的"左框线"。表格设置完成后如图 2-63 所示。

（a）　　　　　　　　　　　（b）　　　　　　　　　　　（c）

图 2-62　设置文字方向、对齐方式和表格边框

准考证号					姓名				总分
单元号	一	二	三	四	五	六	七	八	
题号	1	3	2	5	5	4	2	2	
得分									
评分教师									

图 2-63　表格设置完成后的样子

选择"文件"|"选项"|"显示"命令，取消"始终在屏幕上显示这些格式标记"大项中的"段落标记"前复选框的选中状态，关闭段落标记显示，如图 2-64 所示。以文件名

dj210.docx 把文档另存到考生文件夹中。至此,完成了实训 2.2 的操作,整个文档内容如图 2-34 所示。最后,关闭 Word 软件及其中的文档。

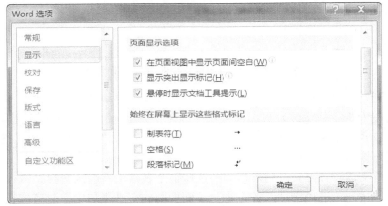

图 2-64　在 Word 选项中关闭段落标记显示

实训 2.3——字体、段落设置与表格编辑

2.3.1　实训内容

打开素材工作目录文件\02\ "家用电脑与普通电脑.docx",内容如图 2-65 所示。参照如图 2-66 所示的效果进行编辑,并将结果以原文件名保存到考生文件夹,要求如下。

（1）将第一行标题文字设置为新宋体、小二号、空心、加粗、红色,居中,设置段前段后间距各为 10 磅。

（2）将正文各段设置为楷体、小四号,两端对齐,各段左右各缩进 1 厘米,首行缩进 2 个字符,行距为固定值 20 磅。

（3）为相应段落添加项目符号（Webdings 34、蓝色）。

（4）为正文对应段落添加三维边框,框线为 3 磅、黄色。

（5）进行相应的表格编辑:包括行列增减、单元格的合并与拆分、边框设置、文本格式和对齐方式等（要求:粗线 2.25 磅,细线 0.5 磅）。

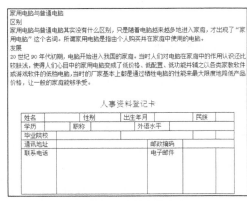

图 2-65　素材文件内容

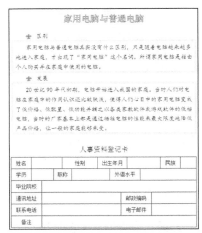

图 2-66　实训结果

2.3.2 实训步骤

1．启动 Word，打开文件

启动 Word 2010 软件，打开素材工作目录文件\02\"家用电脑与普通电脑.docx"（见图 2-65）。

2．设置第一行标题文字并设置段前段后间距

将第一行标题文字"家用电脑与普通电脑"选中，切换到"开始"菜单，选择"字体"子面板中"字体"和"字号"下拉框，分别选择"新宋体"和"小二"，并单击下方 **B** 按钮加粗显示；单击"字体颜色"按钮 A 右侧的 按钮，在弹出的面板中选择标准色"红色"；单击"文本效果"按钮 A 右侧的 按钮，在弹出的面板中选择第一行第二项，如图 2-67 所示。然后单击"段落"子面板中"居中"对齐按钮 ≡ 设置对齐方式。

单击"段落"子面板右下角 按钮打开"段落"对话框，设置"间距"项中"段前"、"段后"各为 10 磅，如图 2-68 所示。

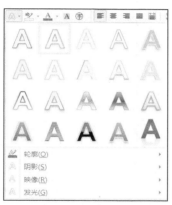

图 2-67 "文本效果"弹出面板

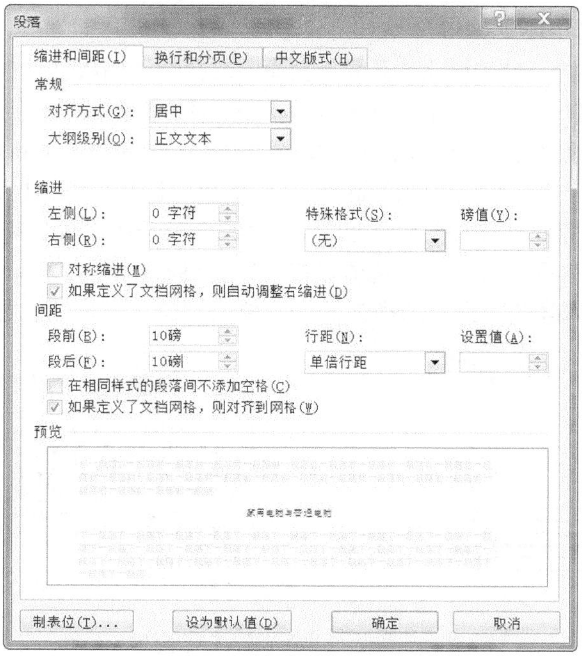

图 2-68 "段落"对话框

3．设置正文字体和段落格式

设置正文文字为楷体、小四号：拖曳鼠标选择正文所有段落（选中部分将反白显示），选择"字体"和"字号"下拉列表框分别为"楷体""小四"。

设置正文段落格式：两端对齐，各段左右各缩进 1 厘米，首行缩进 2 字符，行距为固定值 20 磅。方法：选择正文段落，然后单击"开始"菜单"段落"子面板右下角 按钮，弹出"段落"对话框，在"常规"选项组选择对齐方式为"两端对齐"，在"缩进"选项组中的"左侧""右侧"框各输入"1 厘米"，"特殊格式"下拉列表框选择"首行缩进"，"磅值"设置为"2 字符"，"行距"下拉列表框选择"固定值"，"设置值"设置为"20 磅"单击"确定"按钮即可，如图 2-69 所示。

图 2-69　设置正文段落格式

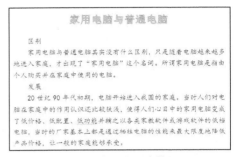

图 2-70　标题和正文效果

通过上述步骤，标题和正文效果如图 2-70 所示。

4．为正文对应段落添加项目符号

选择正文第一行"区别"，单击"开始"菜单"段落"子面板中"项目符号" 右侧 按钮，如果在弹出面板中已有项目符号 （Webdings 34、蓝色），则直接单击即可应用；如果没有则单击"定义新项目符号"命令，弹出如图 2-71 所示的"定义新项目符号"对话框，然后单击对话框中的"符号"按钮，弹出如图 2-72 所示"符号"对话框，在"字体"下拉框中选择 Webdings，在下面的"字符代码"框填入"34"，就选中了项目符号 （默认为黑色），单击"确定"按钮，然后单击"定义新项目符号"对话框中的"字体"按钮，在弹出的"字体"对话框中将"字体颜色"设置选择为蓝色，单击"确定"按钮，如图 2-73 所示。

图 2-71　"定义新项目符号"对话框

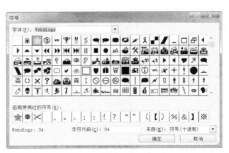

图 2-72　"符号"对话框

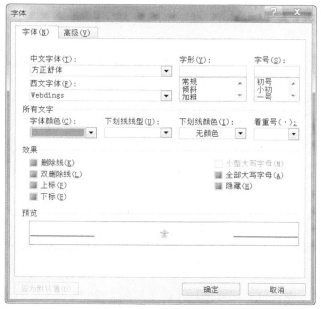

图 2-73 "字体"对话框

这样便为为正文第一段落添加了项目符号 ☀（Webdings 34、蓝色）。

再为第三段落文字"发展"添加同样的项目符号。此时单击"项目符号"☷ 右侧 ▾ 按钮后，弹出面板中显示最近使用过的项目符号中就已有项目符号 ☀（Webdings 34、蓝色），直接单击即可。

下面介绍一种更简便的设置两处以上地方相同格式的方法——"格式刷"方法。

格式刷是匹配格式的工具，就像刚刷了红漆的地方，用刷子在该地方刷一下，马上把刷子往别的地方刷一下，可以想象，另一地方当然也是红色的。

使用格式刷的步骤如下。

（1）选择要匹配格式的字符或段落，使之反白显示。

（2）单击"开始"菜单"剪贴板"子面板中的 "格式刷"按钮 🖌，进入格式匹配状态（格式刷按钮变为 🖌），这时的鼠标指针也变成了带有格式刷的形状。

（3）用鼠标在要匹配的字符或段落上进行拖曳（进行格式匹配）。

（4）如果还有其他文字或段落要匹配，继续用鼠标在这些地方拖曳（继续进行匹配）即可。

（5）格式匹配完，再单击"格式刷"按钮（或按"Esc"键），退出格式匹配状态。

注意

若只是匹配一个地方，进入格式匹配状态只需单击"格式刷"按钮，格式匹配完便自动退出格式匹配状态。

因此为第三段落（文字"发展"）添加同样的项目符号，也可使用格式刷方法设置，请读者按上面介绍的步骤进行练习。

5．为正文对应段落添加三维边框

选择正文第二段，单击 "开始"菜单"段落"子面板中的 "下框线"按钮 ⊞ 右侧的 ▾ 按钮，弹出如图 2-74 所示面板，单击"外侧框线"命令，为段落加上外侧框线。单击弹出面板最下方的"边框和底纹"命令弹出"边框和底纹"对话框，如图 2-75 所示，"设置"项选择

"三维"，颜色为黄色，宽度为 3.0 磅，单击"确定"按钮，即把该段设置为具有 3 磅黄色框线的三维边框。

图 2-74　"边框线"弹出面板

图 2-75　设置 3 磅黄色的三维边框

再使用"常用"工具栏的"格式刷"按钮 ⬚，把正文第四段（"20 世纪 90 年代初期……"一段）设为 3 磅黄色三维边框。这时的正文段落如图 2-76 所示。

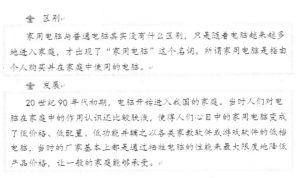

图 2-76　编辑后的正文段落

6．表格编辑

使用表格句柄选中表格，菜单栏自动添加"菜单工具"一栏。

单击"设计"选项卡"绘图边框"子面板右下角 ⬚ 按钮，弹出"边框与底纹"对话框，"设置"项选择"自定义"，颜色设置为"自动"，边框粗线 2.25 磅，细线 0.5 磅，单击"绘图边框"子面板中的 "绘制表格"按钮 ⬚，进入手动绘制表格状态，在"人事资料登记卡"表格的"联系电话"下面绘一条表格线，绘制完毕后按"Esc"键，退出制表状态。

在"联系电话"下面单元格中输入"备注"两字。

使用句柄选择整个表格，单击鼠标右键，在弹出的菜单中选择"平均分布各行"，然后再次单击鼠标右键，在弹出的菜单中选择"单元格对齐方式"中的"中部居中"按钮。

合并单元格。依次对单元格"毕业院校"右边 4 个单元格、"电子邮件"右边 2 个单元格和"备注"右边 4 个单元格进行合并。方法：分别选择这些单元格，右击鼠标，在弹出的菜单中选择"合并单元格"即可。这时的表格如图 2-77 所示。

人事资料登记卡

姓名		性别	出生年月		民族	
学历		职称		外语水平		
毕业院校						
通讯地址			邮政编码			
联系电话			电子邮件			
备注						

图 2-77　编辑后的表格

选择“文件”|“选项”|“显示”命令，取消“始终在屏幕上显示这些格式标记”大项中“段落标记”前的复选框的选中状态，关闭段落标记显示。以原文件名把文档保存到考生文件夹中。至此，完成了实训 2.3 的操作，整个文档内容如图 2-66 所示。最后关闭 Word 软件退出编辑。

复习题

1. 打开 X:\素材文件工作目录\02\zy2-7.docx（内容见图 2-78），参照“样文 2-7.jpg”（见图 2-79）进行编辑，并将结果以 dj27.docx 为名保存到考生文件夹。

文字处理的发展
文字
文字的出现是人类文明进步的一个重要标志，也正是从文字诞生的那天起，人们探索、改善文字处理（Word Processing）方法的努力就从未停止过。从雕刻甲骨到书写纸帛，从提笔弄墨到击键打字，字处理方法日益得到改进。
文字处理
随着现代电子与计算机技术的飞速发展，文字处理在今天取得了突破性的进展，各种文字处理软件应运而生，并且日趋发展成为完善的桌面印刷系统。
文字处理软件可以在计算机上制作文件，完成文字录入、格式编排以及打印等工作。一份文件既可以像购物清单、备忘录这样简单，也可以是法律文件或科技文件等非常复杂的专业文稿。在字处理软件出现以前，人们只能用手书写文件或在打字机上打出文件，要添加、删除文字或者改变文字的格式，往往要重新书写或重打文件，费时又费力，而现在这些工作可以轻而易举地完成。
过去，电脑用户通常用字处理软件处理文件中的文字，用绘图软件处理文件中的图形，但无论是在屏幕上还是在打印纸上两者很难合并输出。不得已的办法是，把文件中的所有图形归并到附录中，或者先在文件中试探性地留出图位，然后将文字和图形分别打印，最后用剪刀和胶水将图形贴到留空处，将二者合并为完整的文件。而现在的文字处理系统完全可将文字和图形合二为一进行编辑和输出，获得精美的文件、清晰的图片以及图文并茂的版面效果。
附：字库说明

图 2-78　素材文件“zy2-7.doc”内容

文字处理的发展

✓ 文字

文字的出现是人类文明进步的一个重要标志，也正是从文字诞生的那天起，人们探索、改善文字处理（Word Processing）方法的努力就从未停止过。从雕刻甲骨到书写纸帛，从提笔弄墨到击键打字，字处理方法日益得到改进。

✓ 文字处理

随着现代电子与计算机技术的飞速发展，文字处理在今天取得了突破性的进展，各种文字处理软件应运而生，并且日趋发展成为完善的桌面印刷系统。

文字处理软件可以在计算机上制作文件，完成文字录入、格式编排以及打印等工作。一份文件既可以像购物清单、备忘录这样简单，也可以是法律文件或科技文件等非常复杂的专业文稿。在字处理软件出现以前，人们只能用手书写文件或在打字机上打出文件，要添加、删除文字或者改变文字的格式，往往要重新书写或重打文件，费时又费力，而现在这些工作可以轻而易举地完成。

过去，电脑用户通常用字处理软件处理文件中的文字，用绘图软件处理文件中的图形，但无论是在屏幕上还是在打印纸上两者很难合并输出。不得已的办法是，把文件中的所有图形归并到附录中，或者先在文件中试探性地留出图位，然后将文字和图形分别打印，最后用剪刀和胶水将图形贴到留空处，将二者合并为完整的文件。而现在的文字处理系统完全可将文字和图形合二为一进行编辑和输出，获得精美的文件、清晰的图片以及图文并茂的版面效果。

附：

字库说明					
序号	**简/繁**	**字体**	**序号**	**简/繁**	**字体**
1	简	仿宋_GB2312	2	简	黑体
3	繁	美黑	4	简	隶书
5	简	综艺	6	繁	舒体
7	繁	行楷	8	简	秀丽
9	繁	魏碑	10	繁	琥珀
11	简	姚体	12	简	细圆
13	简	细黑	14	简	细宋

图 2-79　“样文 2-7.jpg”内容

要求如下。

（1）将第一行文字应用“标题 2”样式并居中。

（2）正文：中文为楷体，英文为 Arial；小四号；各段落首行缩进 0.8 厘米；段前间距为 5 磅；行间距为固定值 18 磅。

（3）为相应段落添加项目符号（Wingdings 252）。

（4）以五号楷体填充表格，将第一、二行文字加粗。

（5）进行相应的表格编辑：包括行列增减、单元格的合并与拆分、边框设置、文本格式和对齐方式（要求：粗线 1.5 磅，细线 0.5 磅）。

2. 打开 X:\素材文件工作目录\02FX\zy2−8.docx（内容见图 2−80），参照“样文 2−8.jpg”（见图 2−81）进行编辑，并将结果以 dj28.docx 为名保存到考生文件夹。

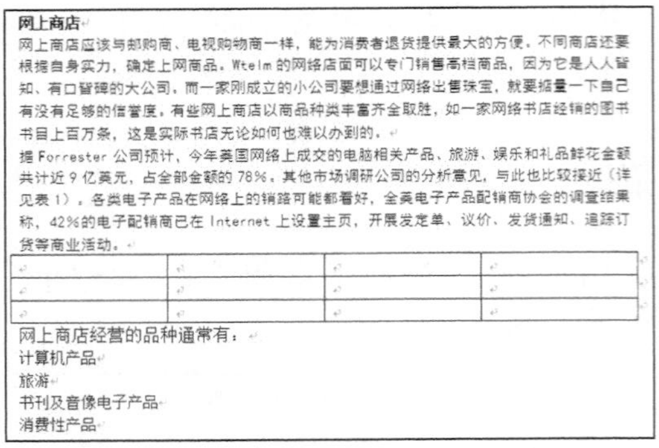

网上商店

网上商店应该与邮购商、电视购物商一样，能为消费者退货提供最大的方便。不同商店还要根据自身实力，确定上网商品。Wtelm 的网络店面可以专门销售高档商品，因为它是人人皆知、有口皆碑的大公司。而一家刚成立的小公司要想通过网络出售珠宝，就要掂量一下自己有没有足够的信誉度。有些网上商店以商品种类丰富齐全取胜，如一家网络书店经销的图书书目上百万条，这是实际书店无论如何也难以办到的。

据 Forrester 公司预计，今年美国网络上成交的电脑相关产品、旅游、娱乐和礼品鲜花金额共计近 9 亿美元，占全部金额的 78%。其他市场调研公司的分析意见，与此也比较接近（详见表 1）。各类电子产品在网络上的销路可能都看好，全美电子产品配销商协会的调查结果称，42%的电子配销商已在 Internet 上设置主页，开展发定单、议价、发货通知、追踪订货等商业活动。

网上商店经营的品种通常有：

计算机产品

旅游

书刊及音像电子产品

消费性产品

图 2−80　素材文件“zy2−8.doc”内容

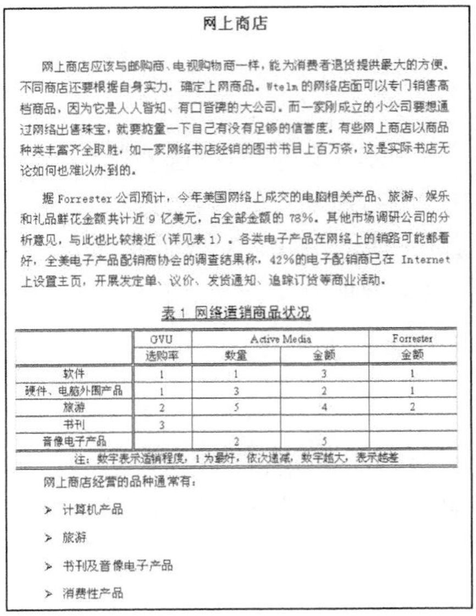

网上商店

网上商店应该与邮购商、电视购物商一样，能为消费者退货提供最大的方便。不同商店还要根据自身实力，确定上网商品。Wtelm 的网络店面可以专门销售高档商品，因为它是人人皆知、有口皆碑的大公司。而一家刚成立的小公司要想通过网络出售珠宝，就要掂量一下自己有没有足够的信誉度。有些网上商店以商品种类丰富齐全取胜，如一家网络书店经销的图书书目上百万条，这是实际书店无论如何也难以办到的。

据 Forrester 公司预计，今年美国网络上成交的电脑相关产品、旅游、娱乐和礼品鲜花金额共计近 9 亿美元，占全部金额的 78%。其他市场调研公司的分析意见，与此也比较接近（详见表 1）。各类电子产品在网络上的销路可能都看好，全美电子产品配销商协会的调查结果称，42%的电子配销商已在 Internet 上设置主页，开展发定单、议价、发货通知、追踪订货等商业活动。

表 1　网络适销商品状况

	GVU	Active Media		Forrester
	选购率	数量	金额	金额
软件	1	1	3	1
硬件、电脑外围产品	1	3	2	1
旅游	2	5	4	2
书刊	3			
音像电子产品		2	5	
注：数字表示适销程度，1 为最好，依次递减，数字越大，表示越差				

网上商店经营的品种通常有：

- 计算机产品
- 旅游
- 书刊及音像电子产品
- 消费性产品

图 2−81　“样文 2−8.jpg”内容

要求如下。

（1）将第一行文字应用“标题 3”样式并居中。

（2）正文：中文为宋体，英文 Arial Narrow；小四号；各段落首行缩进 2 个字符；段后间距为 7 磅；行间距为固定值 20 磅。

（3）为相应段落添加项目符号（Wingdings 216）。

（4）表格标题文字采用四号黑体双下画线、居中对齐；以五号宋体（英文为 Times New Roman）填充表格。

（5）进行相应的表格编辑：包括行列增减、单元格的合并与拆分、边框设置、文本格式和对齐格式（要求：细线 0.5 磅）。

3. 打开 X:\素材文件工作目录\02\zy2−9.docx（内容见图 2−82），参照“样文 2−9.jpg”（见图 2−83）进行编辑，并将结果以 dj29.docx 为名保存到考生文件夹。

要求如下。

（1）第一行文字应用“标题 2”样式并居中。

（2）正文：小三号仿宋字体；1.25 倍行间距；第一段首行缩进 2 个字符；最后一行文字（即“年、月、日”）右对齐，右缩进 1.2 厘米，段前间距为 28 磅。

（3）为相应段落添加项目符号（Wingdings 63）。

（4）表格标题文字采用三号、黑体、居中，段后间距 8 磅；以五号宋体填充表格。

（5）进行相应的表格编辑：包括行列增减、单元格的合并与拆分、边框设置、文本格式和对齐格式（要求：粗线 1.5 磅，细线 0.5 磅）。

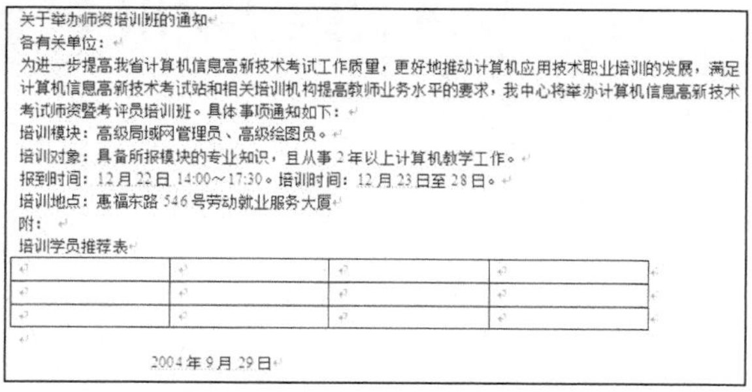

关于举办师资培训班的通知

各有关单位：

为进一步提高我省计算机信息高新技术考试工作质量，更好地推动计算机应用技术职业培训的发展，满足计算机信息高新技术考试站和相关培训机构提高教师业务水平的要求，我中心将举办计算机信息高新技术考试师资暨考评员培训班。具体事项通知如下：

培训模块：高级局域网管理员、高级绘图员。

培训对象：具备所报模块的专业知识，且从事2年以上计算机教学工作。

报到时间：12月22日14:00～17:30。培训时间：12月23至28日。

培训地点：惠福东路546号劳动就业服务大厦

附：

培训学员推荐表

2004年9月29日

图 2-82　素材文件"zy2-9.doc"内容

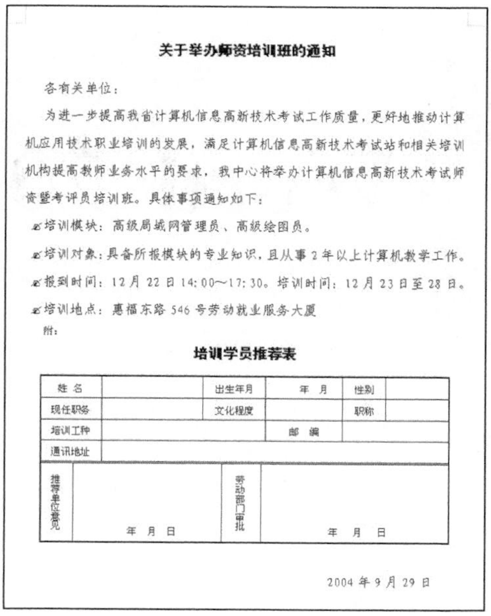

关于举办师资培训班的通知

各有关单位：

为进一步提高我省计算机信息高新技术考试工作质量，更好地推动计算机应用技术职业培训的发展，满足计算机信息高新技术考试站和相关培训机构提高教师业务水平的要求，我中心将举办计算机信息高新技术考试师资暨考评员培训班。具体事项通知如下：

☞培训模块：高级局域网管理员、高级绘图员。

☞培训对象：具备所报模块的专业知识，且从事2年以上计算机教学工作。

☞报到时间：12月22日14:00～17:30。培训时间：12月23至28日。

☞培训地点：惠福东路546号劳动就业服务大厦

附：

培训学员推荐表

姓　名		出生年月	年　月	性别	
现任职务		文化程度		职称	
培训工种		邮　编			
通讯地址					
推荐单位意见		劳动部门审批			
年　月　日		年　月　日			

2004年9月29日

图 2-83　"样文 2-9.jpg"内容

PART 3

任务 3
Word 2010 版面设置与文档编辑

 学习目标

- 页面设置
- 定位、查找和替换
- 插入艺术字
- 插入图片
- 设置边框和底纹
- 添加页眉和页脚
- 插入脚注和尾注
- 插入域
- 编制文档目录

Microsoft 公司推出的 Office 版本中，Word 成为了文字处理软件中的佼佼者。由于 Word 好学易用，因此，用户自己摸索就能了解和掌握部分常用功能，来满足工作需要，普及性较高。目前，随着信息技术在各行各业进一步渗透，要想提高工作效率，缩短工作时间，就要用到 Word 一些更高级的功能。在 Word 2010 中，新增了大量的高级功能，使用户的工作更方便、高效。

实训 3.1——Word 2010 提高

本实训介绍了页面设置、定位、查找和替换、插入艺术字、插入图片、设置边框和底纹、添加页眉和页脚、插入脚注和尾注、插入域、编制文档目录等基本知识。

3.1.1 页面设置

页面设置包括页边距、纸张、版式和文档网格等。将光标定位在文档中的任意位置，单击"页面布局"选项卡下"页面设置"组右下角的"对话框启动器"按钮，打开如图 3-1 所示的"页面设置"对话框，可对页面格式进行设置。

在"页边距"选项卡中，可以设置上、下、左、右的页边距，选择纵向或横向的显示和打印方向，在"应用于"下拉列表中，可选择应用范围。

在"纸张"选项卡中，可以设置纸张大小（如 A4、B5 等）和纸张来源（如默认为纸盒）等属性。

在"版式"选项卡中，可以设置页眉、页脚距边界的距离等属性。

在"文档网格"选项卡中，可以设置每页的行数、每行的字符数、栏数及字体格式等属性。

图 3-1 "页面设置"对话框

3.1.2 定位、查找和替换

1.定位

将光标定位在文档中的任意位置，单击"开始"选项卡下"编辑"组中的"替换"按钮，打开"查找和替换"对话框，选择"定位"选项卡；或者，按"Ctrl+H"组合键，打开"查找和替换"对话框，选择"定位"选项卡。在如图 3-2 所示的对话框中进行设置。

图 3-2 "定位"对话框

2. 查找

如果要查找特定的文本，可以按照下述步骤进行。

（1）在"查找和替换"对话框中，选择"查找"选项卡，如图 3-3 所示。

图 3-3 "查找"对话框

（2）在"查找内容"文本框中输入要查找的文本。

（3）单击"查找下一处"按钮，Word 就开始寻找在"查找内容"文本框中指定搜索的内容。如果找到了，则包含该内容的那部分文本出现在文档窗口中，并且使该文本在文档窗口中用颜色突出显示，让文字看上去像是用荧光笔做了标记一样。

（4）如果找到的内容不是自己想要的那一处，继续单击"查找下一处"按钮。当找到所需的内容后，按"Esc"键或者单击"查找和替换"对话框中的"取消"按钮，则返回到文档中。

3. 替换

如果找到了所需的内容后，想把它替换为其他内容，可以按照下述步骤进行。

（1）在"查找和替换"对话框中，选择"替换"选项卡，如图 3-4 所示。

（2）在"查找内容"文本框中输入要查找的文本。

（3）在"替换为"文本框中输入用来替换的新文本。

（4）单击"查找下一处"按钮，然后单击"替换"按钮进行替换，再次单击"查找下一处"按钮继续查找；也可以单击"全部替换"按钮，一次完成所有文本的替换。

图 3-4 "替换"对话框

4. "查找和替换"对话框的高级选项

在"查找和替换"对话框中单击"更多"按钮，打开对话框中的选项部分，如图 3-5 所示。

图 3-5　"查找和替换"对话框的高级选项

（1）在"搜索选项"列表框中可以指定搜索的方向，包括以下 3 个选项。

① 全部：在整个文档中搜索用户指定的查找内容，它是指从插入点处搜索到文档末尾后，再继续从文档开始处搜索到插入点位置。

② 向上：从插入点位置向文档头部进行搜索。

③ 向下：从插入点位置向文档尾部进行搜索。

（2）在对话框的下方有以下 10 个复选框

① 区分大小写：选中该复选框，Word 只能搜索到与在"查找内容"框中输入字符的大、小写完全匹配的字符。

② 全字匹配：选中该复选框，Word 仅查找整个单词，而不是较长单词的一部分。

③ 使用通配符：选中该复选框，可以在"查找内容"框中使用通配符、特殊字符或特殊操作符；若不选中该复选框，Word 会将通配符和特殊字符视为普通文字。添加通配符、特殊字符的方法：单击"特殊格式"按钮，然后从弹出的列表中单击所需的符号。

④ 同音（英文）：选中该复选框，Word 可以查找发音相同，但拼写不同的英文单词。

⑤ 查找单词的所有形式（英文）：选中该复选框，Word 可以查找与目标内容属于相同形式的英文单词，最典型的就是 is 的所有形式（如 am、are、was、were、be、being、been）。

⑥ 区分前缀：选中该复选框，Word 可以查找与目标内容开头字符相同的单词。

⑦ 区分后缀：选中该复选框，Word 可以查找与目标内容结尾字符相同的单词。

⑧ 区分全/半角：选中该复选框，Word 会区分英文字母、字符或数字的全角和半角状态。

⑨ 忽略标点符号：选中该复选框，Word 在查找目标内容时，忽略标点符号。

⑩ 忽略空格：选中该复选框，Word 在查找目标内容时，忽略空格。

（3）在对话框的底部有以下 3 个按钮。

① "格式"按钮：单击该按钮，会出现一个菜单让用户选择所需的命令，用来设置"查找内容"文本框或"替换为"文本框中内容的字符格式、段落格式以及样式等。

② "特殊格式"按钮：用于在"查找内容"文本框或"替换为"文本框中插入一些特殊字符，如段落标记和制表符等。

③ "不限定格式"按钮：用于取消"查找内容"文本框或"替换为"文本框中指定的格

式。"不限定格式"按钮平常为灰色显示，只有利用"格式"按钮或"特殊格式"按钮设置格式之后，"不限定格式"按钮才变为黑色显示。

5. 利用查找和替换通配符实现模糊查找

在查找和替换过程中，有些通配符是经常使用的，在"查找和替换"对话框中单击"更多"按钮，选中"使用通配符"项，就可以设置查找条件了。

（1）任何单个字符：？，如 t?p，可查出"tap"、"tape"、"tippy"等。

（2）任何字符串：*，如 l*t，可查出"let"和"light"letter"、"l 与 t"等。

（3）指定的某一字符：[]，如 s[ia]t，可查出"sit"和"sat"等。

（4）某一范围内的单个字符：[-]，如[r-t]ight，可查出"right"、"sight"和"tight"，"ight"前为 r~t 范围内的任一字符。

（5）除方括号中字符外的某个字符：[!]，如 m[!a]st，可查出"mist"和"most"，但不查找"mast"。

（6）除方括号中的范围之外的某个字符：[!x-z]，如 t[!a-n]ck，可查出"tock"和"tuck"，但不查找"tack"或"tick"。

（7）前一字符或表达式有 n 个：{n}，如 fe{2}d 查找"feed"，不查找"fed"。

（8）前一字符或表达式至少有 n 个：{n, }，如 fe{2, }d，查找"feed"，不查找"fed"。

（9）前一字符或表达式有从 $n~m$ 个：{n, m}，如 70{2, 3}，查找"700"、"7000"，但不查找"70"。

（10）前一字符或表达式有一个或多个词的开头：@，如 lo@t，查出"lot"、"loot"。

（11）词的开头：如<<（per），查找"perfect"和"percent"等，不查找"recent"。

（12）词的结尾：如>>（sh），查找"fish"和"English"等，不查找"fisher"。

3.1.3　插入艺术字

将光标定位在文档中的插入艺术字的位置或选中文档的标题，单击"插入"选项卡下"文本"组中的"艺术字"按钮，打开"艺术字库"对话框，如图 3-6 所示。

图 3-6　"艺术字库"对话框

从打开的"艺术字库"对话框中选择一个样式，将弹出"编辑艺术字文字"对话框"请在此放置您的文字"，如图 3-7 所示，输入文字。单击鼠标右键，在弹出的菜单中选择"字体"命令，在弹出的"字体"对话框中可以设置"字体"、"字号"等项。

图 3-7 "编辑艺术字文字"对话框

单击"确定"按钮，文档中就插入了艺术字，同时，Word 自动显示出了"绘图工具"下的"格式"选项卡，如图 3-8 所示。

图 3-8 "绘图工具"下的"格式"选项卡

在"艺术字样式"组，可以打开"设置文本效果格式"对话框，设置样式。

在"艺术字样式"组中单击"文本效果"按钮，从打开的面板中选择"转换"等命令，可设置文本效果。

在"文本"组中单击"文字方向"按钮，可以设置文字、字母排列的样式。

此外，也可以设置艺术字的填充颜色、对齐、环绕等格式。

3.1.4 插入图片

1. 插入剪贴画

将光标定位在文档中插入剪贴画的位置或任意位置处，单击"插入"选项卡下"插图"组中的"剪贴画"按钮，打开如图 3-9 所示的对话框，在"结果类型"选项中，选择"所有媒体文件类型"下的选项，即可打开该类型包含的所有剪贴画。选择要插入的剪贴画，双击鼠标左键，即可将所选剪贴画插入文档，包括插图、照片、视频或音频，以展示特定的概念。

图 3-9 "剪贴画"对话框

2. 插入来自文件的图片

将光标定位在文档中插入剪贴画的位置或任意位置处，单击"插入"选项卡下"插图"组中的"图片"按钮，打开如图 3-10 所示对话框，在搜索范围中选择图片文件所在的位置，在图片库选择要插入的图片，单击"插入"按钮，即可将所选图片插入文档。

图 3-10 "插入图片"对话框

3. 改变图像的大小

选中插入的图片，图片周围有一些小圆圈和小正方形，这些是尺寸句柄，当鼠标放到上面时，鼠标就变成了双箭头的形状，将鼠标移动到小圆圈或小正方形的位置，按下左键拖曳鼠标，就可以改变图片的大小。这时，图片的所有内容仍然存在，只是被缩小或放大了。

选中插入的图片，单击鼠标右键，选择"大小和位置"命令，打开"布局"对话框，选择"大小"选项卡，如图 3-11 所示。修改"缩放"选项的高度和宽度参数，选择"锁定纵横比"和"相对原始图片大小"选项，单击"确定"按钮就可以改变图像的大小。

图 3-11 "布局"对话框

裁剪则是改变图片显示的内容，选中插入的图片，单击"图片工具"下的"格式"选项卡，在"大小"组中单击"裁剪"按钮，在图片的尺寸句柄上按下左键，等鼠标变成了移动光标的形状则拖曳鼠标，虚线框所到的灰色区域就是图片的裁剪位置了，单击键盘上的回车键，就把灰色区域的部分"裁"掉了。

3.1.5 设置边框和底纹

在"页面布局"选项卡下"页面背景"组中单击"页面边框"按钮，打开"边框和底纹"对话框。

（1）"页面边框"选项卡可以为本节或整篇文档添加页面边框，如图 3-12 所示。

图 3-12 "页面边框"对话框

（2）"边框"选项卡可为选定的段落或文字添加边框，如图 3-13 所示。

图 3-13 "边框"对话框

（3）"底纹"选项卡可为选定的段落或文字添加底纹，可在对话框中设置背景的颜色和图案，如图 3-14 所示。

图 3-14 "底纹"对话框

3.1.6 添加页眉和页脚

页眉和页脚分别是打印在一页顶部或底部的注释性文字或图形。

1. 创建页眉和页脚

将光标定位在文档中的任意位置，单击"插入"选项卡下"页眉和页脚"组中的"页眉"按钮，打开如图 3-15 所示"内置"对话框。

图 3-15 页眉"内置"对话框

选择页眉"内置"对话框中其中一个类型的页眉，在页面的顶部和底部打开页眉和页脚编辑区，如图 3-16 所示，文档正文部分灰色显示，同时显示"页眉和页脚工具"的"设计"选项卡。

图 3-16　创建页眉和页脚

2.编辑页眉和页脚

直接在页眉和页脚区输入内容（如文档标题、页码、日期等）后，可以在正文区双击鼠标或在"页眉和页脚工具"的"设计"选项卡下的"关闭"组单击"关闭页眉和页脚"按钮，如图 3-17 所示，就可以关闭页眉和页脚及"页眉和页脚工具"的"设计"选项卡。

图 3-17　"设计"选项卡对话框

3.创建奇偶页不同的页眉和页脚

在页眉和页脚的编辑状态，单击"页面布局"选项卡中"页面设置"组右下角的"对话框启动器"按钮 ，在弹出的"页面设置"对话框中选择"版式"选项卡，如图 3-18 所示。在"页眉和页脚"项中选定"奇偶页不同"复选框，单击"确定"按钮，返回页眉和页脚编辑区，此时页眉编辑区左上角出现"奇数页页眉"或"偶数页页眉"，页脚编辑区左上角出现"奇数页页脚"或"偶数页页脚"，分别用于设置不同的页眉和页脚。

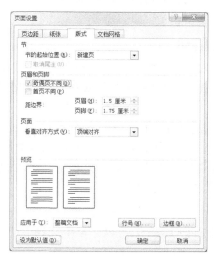

图 3-18　"版式"对话框

或者，在页眉和页脚的编辑状态，单击"页眉和页脚工具"的"设计"选项卡下的"选项"组的"奇偶页不同"选项，如图 3-19 所示，此时页眉编辑区左上角出现"奇数页页眉"或"偶数页页眉"，页脚编辑区左上角出现"奇数页页脚"或"偶数页页脚"，分别设置不同的页眉和页脚。

图 3-19　"选项"组对话框

4. 设置页码

如果希望每个页面都显示页码，并且不希望包含任何其他信息（例如，文档标题或文件位置），可以快速添加库中的页码，也可以创建自定义页码或包含总页数的自定义页码（第 X 页，共 Y 页）。

将光标定位在文档中插入页码的位置或任意位置，单击"插入"选项卡下"页眉和页脚"组中的"页码"按钮，如图 3-20 所示。选择"当前位置"等命令，滚动浏览库中的选项，然后单击所需的页码格式。

图 3-20　"页码"对话框

5. 删除页眉和页脚

双击页眉、页脚或页码，在页面的顶部和底部打开页眉和页脚编辑区，选择页眉、页脚或页码，按"Delete"键删除即可。

3.1.7　插入脚注和尾注

脚注和尾注用于在文档中为文档的文本提供解释、批注或引用，可以使用脚注进行详细批注，而使用尾注说明引文来源。脚注一般位于页面底端或文字下方。尾注一般位于文档结尾或节的结尾。

在 Word 2010 中，一个脚注或尾注由以下 3 部分组成。

（1）脚注或尾注引用标记：该标记跟在需要注释的内容之后，一般为顺序编号。

（2）脚注或尾注分隔符：脚注或尾注内容与文档正文文本的分隔线。

（3）脚注或尾注文本：脚注或尾注内容。

1. 插入脚注或尾注

Word 会自动对脚注和尾注进行编号。可以在整个文档中使用一种编号方案，也可以在文档的每一节中使用不同的编号方案。

当添加、删除或移动自动编号的注释时，Word 将重新对脚注和尾注引用标记进行编号。如果文档中脚注的编号不正确，可能是因为文档中包含修订，请接受修订，以便 Word 正确地对脚注和尾注进行编号。

（1）在页面视图中，将插入点定位在需要添加脚注或尾注的引用标记的位置。

（2）在"引用"选项卡下的"脚注"组中，单击"插入脚注"或"插入尾注"按钮，如图 3-21 所示。按"Ctrl+Alt+F"组合键可以插入脚注，按"Ctrl+Alt+D"组合键可以插入尾注，录入注释文本。

Word 将插入注释引用标记，并将插入点放在新脚注或尾注的文本区域。默认情况下，Word 将脚注放在每页的结尾处，而将尾注放在文档的结尾处。双击脚注或尾注引用标记可以返回到文档中引用标记的位置。

图 3-21 "脚注"组对话框

要更改脚注或尾注的位置或格式，单击"脚注"组右下角的"对话框启动器"按钮，打开"脚注和尾注"对话框，如图 3-22 所示。

图 3-22 "脚注和尾注"对话框

（3）在"位置"栏的两个单选钮中选定需要插入的是"脚注"或"尾注"，设置脚注或尾注的位置选项。

要将脚注转换为尾注或将尾注转换为脚注，就在"位置"栏下方选择"脚注"或"尾注"，然后单击"转换"按钮，在"转换注释"对话框中，单击"确定"按钮即可。

（4）在"格式"栏的选项中选择"编号格式"、"自定义标记"、"起始编号"或"编号"。要使用自定义标记而不是传统编号格式，单击"自定义标记"旁边的"符号"按钮，然后从可用的符号中选择标记即可，此操作不会更改现有注释引用标记，它只会添加新的标记。

（5）单击"插入"按钮。这时插入点自动移动到注释窗格处，在注释窗格中键入脚注或尾注内容。

2. 编辑脚注或尾注

（1）更改脚注或尾注的编号格式

将插入点置于要更改脚注或尾注格式的节中。如果文档没有分节，就将插入点置于文档中的任意位置。

单击"引用"选项卡下的"脚注"组右下角的"对话框启动器"按钮，打开"脚注和尾注"对话框，选择"脚注"或"尾注"，在"格式"栏下方"编号格式"框中选择所需的格式，然后单击"应用"按钮。

（2）更改脚注或尾注的起始值

Word 自动从"1"开始对脚注进行编号，从"i"开始对尾注进行编号，也可以选择不同的起始值。

单击"引用"选项卡下的"脚注"组右下角的"对话框启动器"按钮，打开"脚注和尾注"对话框，选择"脚注"或"尾注"，在"格式"栏下方"起始编号"框中选择所需的起始值，然后单击"应用"按钮。

3. 删除脚注或尾注

在文档中选定要删除的脚注或尾注的引用标记，按"Delete"键。

删除注释时，要删除文档窗口中的注释引用标记，而非注释中的文字。如果删除了一个自动编号的注释引用标记，Word 会自动重新对注释进行编号。

3.1.8　插入域

1. 域的基本概念

域是一种特殊的代码，用于指示 Word 在文档中插入某些特定的内容或自动完成某些复杂的功能。例如，使用域可以将日期和时间等插入文档，并使 Word 自动更新日期和时间。

在 Word 中，可以用域插入许多有用的内容，包括页码、时间和某些特定的文字内容或图形等。利用域还可以完成一些复杂而非常实用的功能，如自动编写索引、目录等。

2. 插入域

将光标定位在文档中插入域的位置或任意位置处，单击"插入"选项卡下"文本"组中的"文档部件"按钮，如图 3-23 所示。

（1）单击"文档部件"对话框上的"域"命令，打开"域"对话框，如图 3-24 所示。

（2）在"类别"列表框中选择域的类别。

（3）在"域名"框中选择一个域，Word 2010 将同时显示域的简短说明和域代码。

图 3-23　"文档部件"对话框

图 3-24 "域"对话框

3.编辑域

（1）选中要编辑的域，单击鼠标右键，在弹出的菜单中，单击"编辑域"命令。

（2）更改字段属性和选项。

4.更改域的显示方式

插入文档的域有两种显示方式，一是域代码方式，例如，如果在文档中插入"Date"域，在文档中是这样显示的：{DATE *MERGEFORMAT}；另一种是域结果方式，"Date"域在文档中这么显示：2014-10-01，可以方便地在域代码方式和域结果方式之间切换。

（1）切换单个域的显示方式

首先单击选定该域，Word 2010 将给域加上浅灰色的底纹表示已选择了这个域，然后按下键盘快捷键"Shift+F9"组合键，或者，在该域上单击鼠标右键，弹出快捷菜单，单击其中的"切换域代码"命令。

（2）切换文档中所有域的显示方式

如果要显示文档中的所有域代码，就按"Alt+F9"组合键。

5.更新域

（1）更新单个域：首先单击这个域，然后按下"F9"键。

（2）更新文档中所有的域：单击"开始"选项卡下的"编辑"组中的"选择"按钮，选择"全选"命令，或者按"Ctrl+A"组合键，选择整个文档，然后再按下"F9"键。

6.解除域的更新能力

如果不希望域更新，要防止域结果被更新，可以暂时锁定域，在需要更新的时候再解除对域的锁定。也可以永久性地将当前域结果转换为普通的文字或图。

（1）暂时锁定域：先单击域，然后按下"Ctrl+F11"组合键。

（2）解除锁定：先单击域，然后按下"Ctrl+Shift+F11"组合键。

（3）将当前域结果永久性地转换为普通的文字或图形：先单击域,然后按下"Ctrl+Shift+F9"组合键。

7. 域的格式设置

可以直接将各种格式应用于域代码或域结果，就像对普通的文字或图形那样。例如，要把插入的"Date"域改为加粗显示，首先选择这个域的所有字符，然后单击"开始"选项卡下的"字体"组中的"加粗"按钮。

对于有的域，原来应用于域结果的格式在更新时有可能丢失。因此，要保证更新域时原来的格式被保留，可以把一个域开关"*"加给域代码，或者在插入域时，选中"域"对话框中的"更新时保留原格式"复选框，这样 Word 2010 会自动为该域加上"*"开关。

3.1.9 编制文档目录

Word 2010 可以快速为用户制作一个出色的目录，并将该目录显示在当前插入点的位置，当文档发生变动时，目录也随之更新。

1. 创建文档目录

（1）对各级标题选用相应的标题样式，如果在文档格式化时已做过此项工作，可省略此步骤。

（2）将光标定位在文档中希望插入目录的位置，一般在文档开头。

（3）单击"引用"选项卡下"目录"组中的"目录"按钮，打开如图 3-25 所示的"内置"对话框，单击"插入目录"命令，弹出"目录"对话框。

图 3-25　目录"内置"对话框

（4）在"目录"对话框中，选择"目录"选项卡，结果如图 3-26 所示。

图 3-26　"目录"对话框

（5）默认情况下，Word 2010 抽取标题 1～标题 3 以及大纲级别 1～3 的文字项作为目录，两个预览框显示出即将制作出来的目录样式。

（6）说明。

用户还可以选择在目录中是否"显示页码"、是否需要"页码右对齐"以及"制表符前导字符"类型选项。

最好在对文档进行完所有的编辑及格式化操作以后，才建立该文档的目录。

建立的目录中，不包括页眉、页脚、脚注或其他合并的对象。

单击对话框中的"选项"按钮可以打开"目录选项"对话框，单击"修改"按钮可以打开"样式"对话框，用户也可以用非内置的标题样式或用自定义的格式来制作目录。

Word 2010 的每一条目录项都嵌入跳转到文档对应位置的超级链接。

2. 更新文档目录

如果添加或删除了文档中的标题或其他目录项，可以快速更新目录。

单击"引用"选项卡下"目录"组中的"更新目录"按钮，弹出"更新目录"的对话框。根据更新的要求选择以下选项之一：只更新页码（可保留用户直接对目录设置的各种格式）；更新整个目录（用户直接将目录设置的各种格式替换为标准的目录格式）。

或者，选择要更新的文档目录，单击鼠标右键，弹出快捷菜单，选择"更新域"命令打开"更新目录"对话框，根据更新的要求选择选项。

3. 删除文档目录

将光标定位在文档中要删除的目录位置或任意位置处，单击"引用"选项卡下"目录"组中的"目录"按钮，在打开的"内置"对话框中单击"删除目录"命令。

或者，按住鼠标左键拖曳，选定要删除的目录，按"Delete"键。

实训 3.2——版面设置与文档编辑的综合应用

3.2.1　实训内容

打开 X:\素材文件工作目录下的 test5.docx 文件，依照"样文 3-2.jpg"按以下要求编辑文档，然后以 dj3-2.docx 为名保存到考生文件夹，如图 3-27 所示效果。

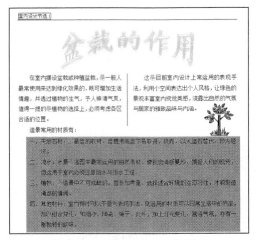

图 3-27 "样文 3-2.jpg"效果

（1）设置整篇文档页面纸张大小：A4；页边距为上、下各 2.5 厘米，左、右各 3.2 厘米；装订线位置为左侧。

（2）将正文所有的"是"替换成添加删除线的红色文字。

（3）将正文最后 2 段文字替换原来的第 1 段内容。宋体、五号、两端对齐、正文文本、首行缩进 2 个字符、1.5 倍行距；正文前 2 段分为两栏并加分隔线；正文后 4 段按样文添加项目编号，编号样式为"一、二、三…"；绿色 1.5 磅外框、浅绿色底纹、图案样式为浅色栅架。

（4）设置艺术字标题"盆栽的作用"，艺术字样式：第 6 行第 2 列；楷体_GB2312、字号为小初、加粗；顶端居中、紧密型环绕方式。

（5）插入图片 shumu.jpg，环绕方式：浮于文字上方并按样文版式排列。

（6）插入"空白"版式页眉，录入"室内设计节选 1"，左对齐并加字符边框。

3.2.2　实训步骤

1．打开保存文件

首先启动 Word 2010 软件，然后单击"文件"选项卡下的"打开"命令，打开 X:\素材文件工作目录下的 test5.docx 文件，如图 3-28 所示。

单击"文件"选项卡下的"另存为"命令，将该文件以 dj3-2.docx 为名保存到考生文件夹。

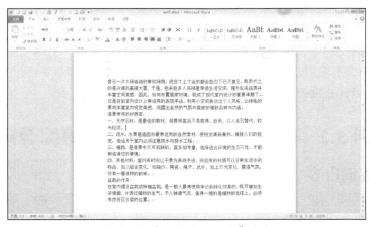

图 3-28　"test5.docx 文件"内容

2. 页面设置

单击"页面布局"选项卡下的"页面设置"组右下角的"对话框启动器"按钮，在弹出的"页面设置"对话框中，选择"页边距"选项卡。设置页边距为上和下各 2.5 厘米、左和右各 3.2 厘米，装订线位置为左侧，应用于为整篇文档，如图 3-29 所示。

选择"纸张"选项卡，设置页面纸张大小为 A4，如图 3-30 所示。

图 3-29 "页边距"对话框

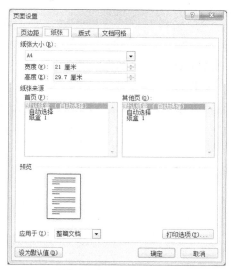

图 3-30 "纸张"对话框

单击"页面设置"对话框中的"确定"按钮。效果如图 3-31 所示。

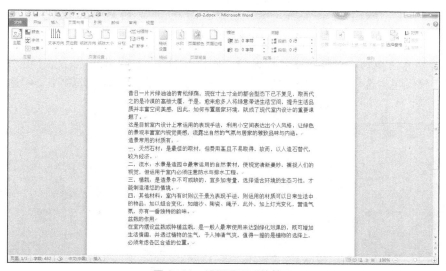

图 3-31 设置页面后的效果

实现上述的步骤之后，注意单击"文件"选项卡下的"保存"命令，保存修改。

3. 查找和替换

将光标定位在文档中的任意位置，单击"开始"选项卡下"编辑"组中的"替换"按钮，打开"查找和替换"对话框，选择"查找"选项卡，在"查找内容"项中录入文字"是"，如图 3-32 所示。

选择"替换"选项卡，在"替换为"项中录入文字"是"，如图3-33所示。

图3-32 "查找"对话框 图3-33 "替换"对话框

确定光标在"替换为"选项中，然后，单击"更多"按钮，展开"搜索选项"和"替换"选项，如图3-34所示。

图3-34 "搜索选项"和"替换"选项

单击"格式"按钮，选择"字体"命令，弹出"替换字体"对话框。选择"字体"选项卡，在"字体颜色"选项中，选择红色，如图3-35所示；在"效果"选项中，勾选"删除线"复选框，出现"√"即可，如图3-36所示。

图3-35 设置"字体颜色"效果 图3-36 设置"删除线"效果

单击"替换字体"对话框中的"确定"按钮，出现"查找和替换"对话框，在"替换为"选项，出现"字体颜色：红色，删除线，非双删除线"，如图 3-37 所示。

图 3-37　设置替换字体的格式

单击"查找和替换"对话框的"全部替换"按钮，出现如图 3-38 所示的对话框，单击"确定"按钮。单击"查找和替换"对话框的"关闭"按钮，完成了将正文所有的"是"替换成添加删除线的红色文字，如图 3-39 所示。

图 3-38　"替换完成"对话框

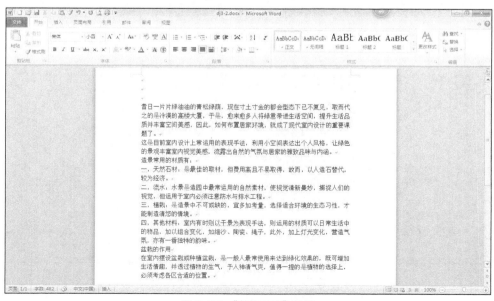

图 3-39　"替换完成"效果

实现上述的步骤之后，注意单击"文件"选项卡下的"保存"命令，保存修改。

4．替换段落内容

在 dj3-2.docx 文件中，选中正文最后 2 段文字，如图 3-40 所示，单击"开始"选项卡下的"剪贴板"组中的"剪切"按钮，然后，选中第 1 段文字，如图 3-41 所示，单击"开始"选项卡下的"剪贴板"组中的"粘贴"按钮，将正文最后 2 段文字替换原来的第 1 段内容，如图 3-42 所示。

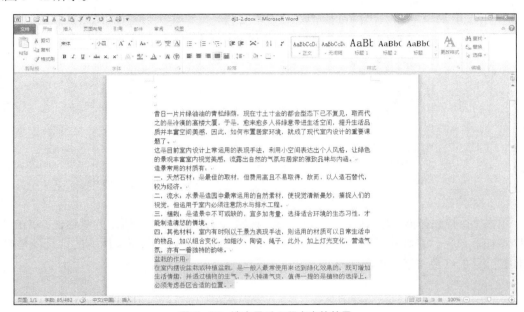

图 3-40　选中最后 2 段文字的效果

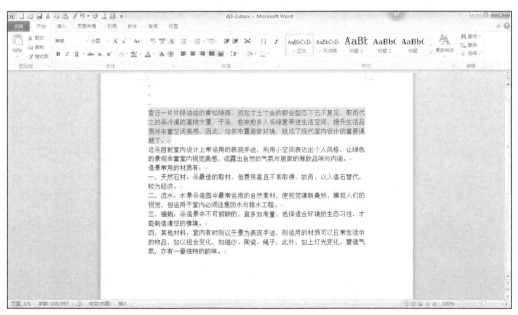

图 3-41　选中第 1 段文字的效果

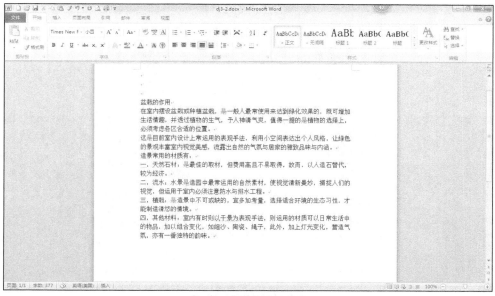

图 3-42 替换后的效果

实现上述的步骤之后，注意单击"文件"选项卡下的"保存"命令，保存修改。

5．设置字体格式

单击"开始"选项卡下的"编辑"组中的"选择"按钮，选择"全选"命令，选中 dj3-2.docx 文件中所有的内容，如图 3-43 所示，单击"开始"选项卡下的"字体"组右下角的"对话框启动器"按钮，打开"字体"对话框，选择"字体"选项卡，将中文字体设置为宋体、字号设置为五号，如图 3-44 所示，单击"确定"按钮，出现如图 3-45 所示的效果。

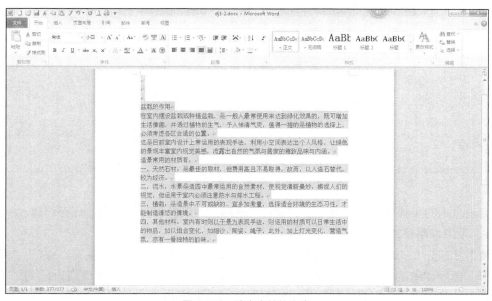

图 3-43 选中文件的内容

图 3-44 "字体"对话框

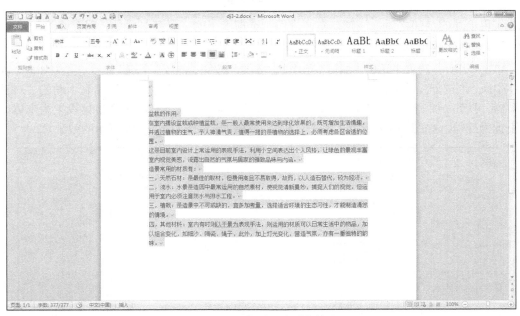

图 3-45 设置字体格式的效果

实现上述的步骤之后，注意单击"文件"选项卡下的"保存"命令，保存修改。

6．设置段落格式

单击"开始"选项卡下的"段落"组右下角的"对话框启动器"按钮 ，打开"段落"对话框，选择"缩进和间距"选项卡，设置对齐方式为两端对齐、大纲级别为正文文本、特殊格式为首行缩进 2 个字符、行距为 1.5 倍行距，如图 3-46 所示，单击"确定"按钮，出现如图 3-47 所示的效果。

图 3-46 "段落"对话框

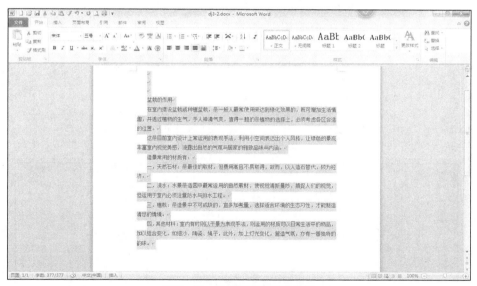

图 3-47 设置段落格式的效果

实现上述的步骤之后，注意单击"文件"选项卡下的"保存"命令，保存修改。

7．分栏

在 dj3-2.docx 文件中，选中正文前 2 段文字，如图 3-48 所示，单击"页面布局"选项卡下的"页面设置"组中的"分栏"按钮，选择"更多分栏"命令，弹出"分栏"对话框，在"分栏"对话框中，选择预设中的"两栏"，勾选"分隔线"复选框，出现"√"即可，如图 3-49 所示，单击"确定"按钮后，出现如图 3-50 所示的效果。

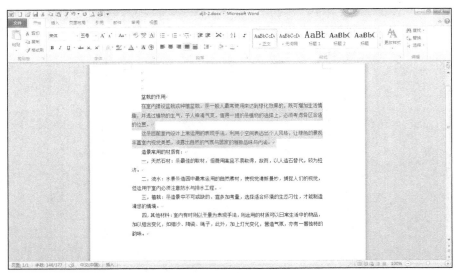

图 3-48 选中文字的效果

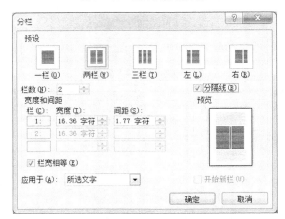

图 3-49 "分栏"对话框

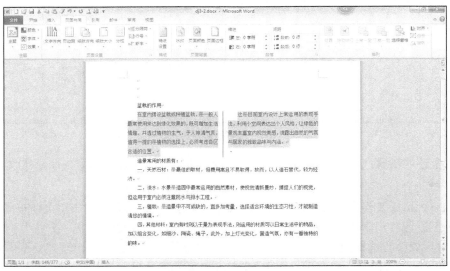

图 3-50 分栏后的效果

实现上述的步骤之后，注意单击"文件"选项卡下的"保存"命令，保存修改。

8．添加项目编号

在 dj3-2.docx 文件中，选中正文后 4 段文字，如图 3-51 所示，单击"开始"选项卡下的"段落"组中的"编号"按钮靠右位置的倒三角形，弹出"编号库"对话框，选择编号库中第 2 行第 3 列的编号格式，如图 3-52 所示。单击选择的编号格式后，出现如图 3-53 所示的效果。

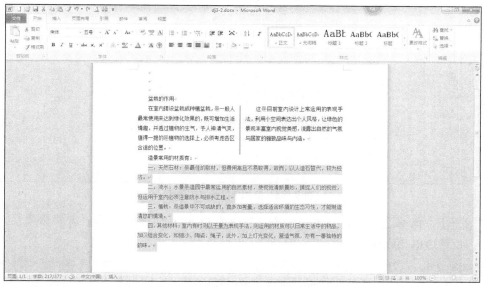

图 3-51　选中文字的效果

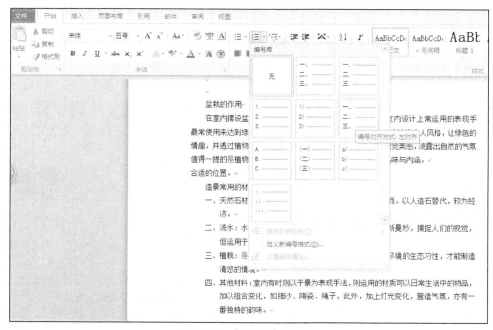

图 3-52　"编号库"对话框

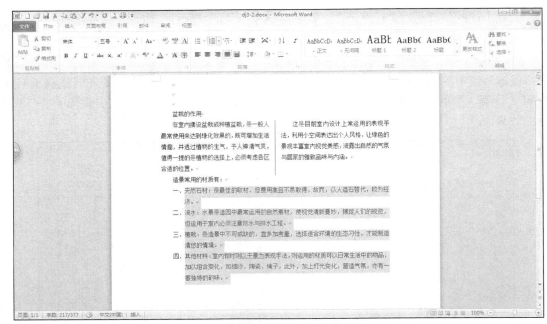

图 3-53　添加项目编号的效果

实现上述的步骤之后，注意单击"文件"选项卡下的"保存"命令，保存修改。

9．设置边框和底纹

在 dj3-2.docx 文件中，选中正文后 4 段文字，单击"开始"选项卡下的"段落"组中的"下框线"按钮靠右位置的倒三角形，选择"边框和底纹"命令，弹出"边框和底纹"对话框，在"边框和底纹"对话框中，选择"边框"选项卡，在"设置"项中选择"方框"，在"颜色"项中选择"绿色"，在"宽度"项中选择"1.5 磅"，如图 3-54 所示。

选择"底纹"选项卡，在"填充"项中选择"浅绿色"，在"图案样式"项中选择"浅色棚架"底纹，如图 3-55 所示。

单击"确定"按钮后，出现如图 3-56 所示的效果。

图 3-54　"边框"选项卡

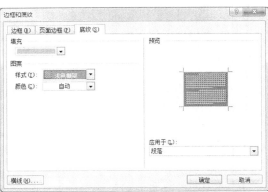

图 3-55　"底纹"选项卡

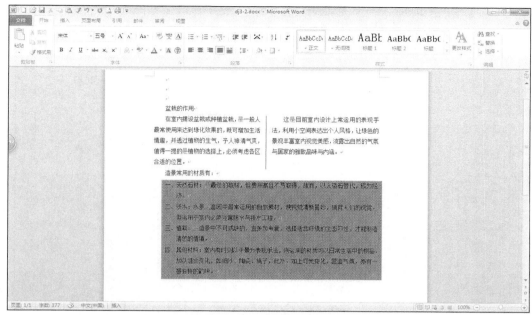

图 3-56　设置边框和底纹的效果

实现上述的步骤之后，注意单击"文件"选项卡下的"保存"命令，保存修改。

10.设置艺术字

在 dj3-2.docx 文件中，选中标题"盆栽的作用"，单击"插入"选项卡下"文本"组中的"艺术字"按钮，打开"艺术字"对话框，在"艺术字"对话框中，选择艺术字样式为第 6 行第 2 列，如图 3-57 所示。

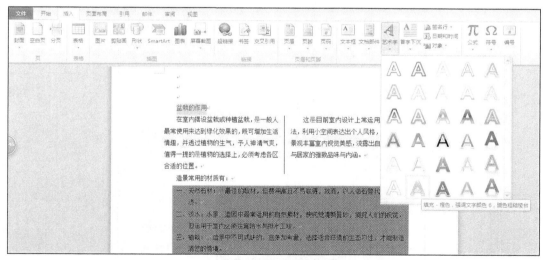

图 3-57　"艺术字库"对话框

单击选择的艺术字样式后，文档中就插入了艺术字，同时，Word 自动显示出了"绘图工具"下的"格式"选项卡，出现如图 3-58 所示效果。

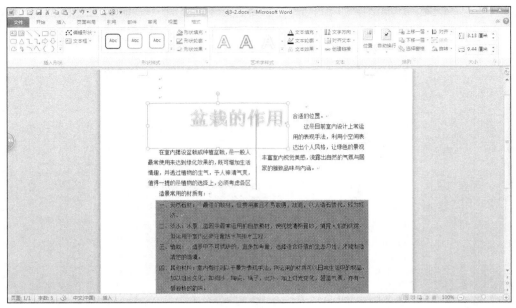

图 3-58　"盆栽的作用"样式效果

选择标题"盆栽的作用"艺术字，在"开始"选项卡下的"字体"组中，设置字体为楷体_GB2312，字号为小初、加粗。

在"绘图工具"下的"格式"选项卡下的"艺术字样式"组中，单击"文本效果"按钮，在弹出的对话框中，选择"转换"命令，在弹出的对话框中，选择"弯曲"项下的第 6 行第 4 列的"桥形"图标，如图 3-59 所示。

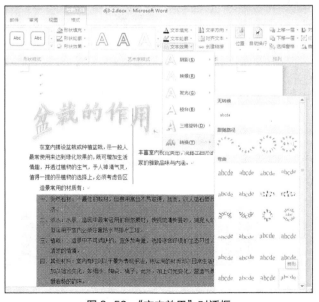

图 3-59　"文本效果"对话框

选择"盆栽的作用"艺术字，单击"绘图工具"下的"格式"选项卡下的"排列"组中的"位置"按钮，选择"顶端居中"方式；单击"排列"组中的"自动换行"按钮，选择"紧密型环绕"方式。然后，将"盆栽的作用"艺术字移动到合适的位置，如图 3-60 所示的效果。

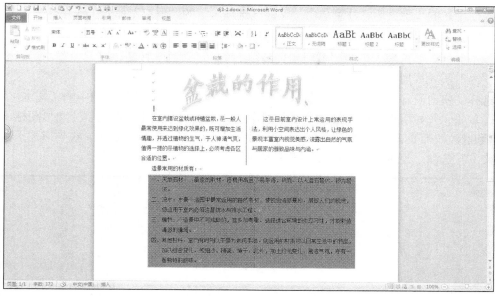

图 3-60 "盆栽的作用"艺术字效果

实现上述的步骤之后，注意单击"文件"选项卡下的"保存"命令，保存修改。

11．插入图片

将光标定位在文档中要插入图片的位置，单击"插入"选项卡下的"插图"组中的"图片"按钮，打开 X:\素材文件工作目录下的图片文件 shumu.jpg。

选择图片文件 shumu.jpg，单击"图片工具"下的"格式"选项卡下的"排列"组中的"自动换行"按钮，选择"浮于文字上方"环绕方式。然后，按样张版式排列，并移动到合适的位置，如图 3-61 所示的效果。

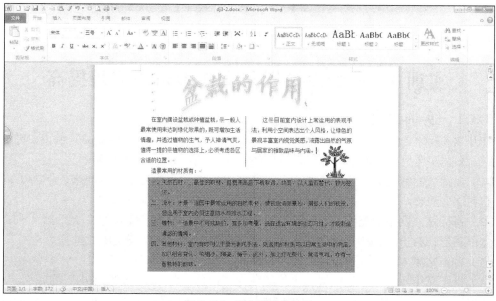

图 3-61 插入图片的效果

实现上述的步骤之后,注意单击"文件"选项卡下的"保存"命令,保存修改。

12. 添加页眉

单击"插入"选项卡下的"页眉和页脚"组中的"页眉"按钮,在"内置"对话框中选择"空白"版式页眉,录入页眉文字"室内设计节选1"。

选择"室内设计节选1"文字,单击"开始"选项卡下的"段落"组中的"文本左对齐"按钮,单击"开始"选项卡下的"段落"组中的"下框线"按钮靠右的倒三角形图标,选择"边框和底纹"命令,在"边框"选项卡中"设置"栏选择"方框"选项,在"应用于"栏选择"文本"选项,设置完成后效果如图3-62所示。

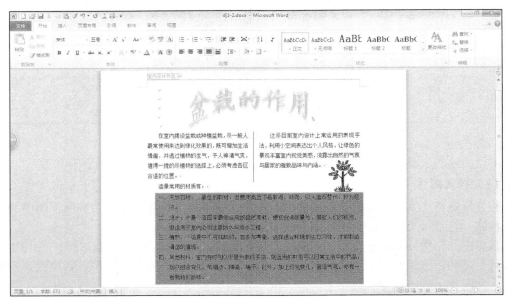

图3-62 添加页眉的效果

实现上述的步骤之后,注意单击"文件"选项卡下的"保存"命令,保存修改。

实训3——版面设置与文档编辑的应用提高

3.3.1 实训内容

打开X:\素材文件工作目录下的zy3-3.docx文件,按照"样文3-3.jpg"编辑,完成后以dj3-3.docx文件名另存入考生文件夹,效果如图3-63所示,具体要求如下。

(1)设置页面纸张大小为宽度210cm、高度297mm;页边距上为3厘米、下为2.4厘米,左、右各2.5厘米。

(2)将标题"网络数据库及其管理"设置为艺术字,艺术字样式为第2行第4列;字体为楷体;阴影:右上斜偏移;顶端居右,四周型环绕方式,并按样文版式排列。

(3)将正文第4、5、6三段设置为两栏格式,加分隔线。

(4)将正文第4、5、6三段填充主体颜色为"白色、背景1,深色15%"的底纹。

(5)插入X:\素材文件工作目录中的图片imgcj.jpg(缩放比例为50%)和earth.jpg,四周型环绕并按样文版式排列。

(6)设置正文第1段第一行的"软件"两字和第3段的"Data Base"英文字母为红色字

体，加下画线，并给"Data Base"添加尾注："即数据库。"

（7）将正文第4、5、6三段中所有"Data Base"改成"数据库"（蓝色、加粗、加双删除线）。

（8）添加页眉文字和页码，在页脚插入文件创建日期（要求使用域），并设置页眉、页码文本的格式。

图 3-63 "样文 3-3.jpg"的效果

3.3.2　实训步骤

1．打开保存文件

首先启动 Word 2010 软件，然后单击"文件"选项卡下的"打开"命令，打开 X:\素材文件工作目录下的 zy3-3.docx 文件。

单击"文件"选项卡下的"另存为"命令，将该文件以 dj3-3.docx 为名保存到考生文件夹。

2．页面设置

单击"页面布局"选项卡下的"页面设置"组右下角的"对话框启动器"按钮 ，在弹出的"页面设置"对话框中，选择"页边距"选项卡。设置页边距为上 3 厘米、下 2.4 厘米、左和右各 2.5 厘米，应用于为整篇文档，如图 3-64 所示。

选择"纸张"选项卡，设置页面纸张大小为宽度 210 mm、高度 297mm，如图 3-65 所示，单击"确定"按钮。

图 3-64 "页边距"选项卡

图 3-65 "纸张"对话框

实现上述的步骤之后，注意单击"文件"选项卡下的"保存"命令，保存修改。

3．设置艺术字

在 dj3-3.docx 文件中，选中标题"网络数据库及其管理"，单击"插入"选项卡下"文本"组中的"艺术字"按钮，打开"艺术字"对话框，在"艺术字"对话框中，选择艺术字样式为第 2 行第 4 列，如图 3-66 所示。

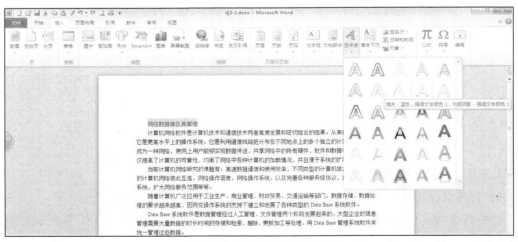
图 3-66 "艺术字库"对话框

单击选择的艺术字样式后，文档中就插入了艺术字，同时，Word 自动显示出了"绘图工具"下的"格式"选项卡，出现如图 3-67 所示效果。

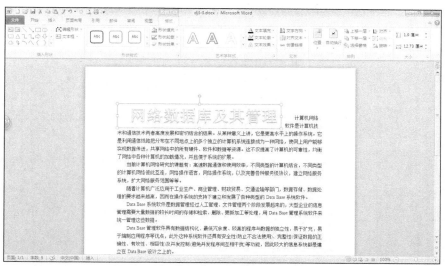

图 3-67　"网络数据库及其管理"样式效果

选择标题"网络数据库及其管理"艺术字，在"开始"选项卡下的"字体"组中，设置字体为楷体。

在"绘图工具"下的"格式"选项卡下的"文本"组中，单击"文字方向"按钮，在弹出的对话框中，选择"垂直"命令；单击"文本效果"按钮，在弹出的对话框中，选择"阴影"命令下"外部"项的第 3 行第 1 列的"右上斜偏移"图标，如图 3-68 所示。

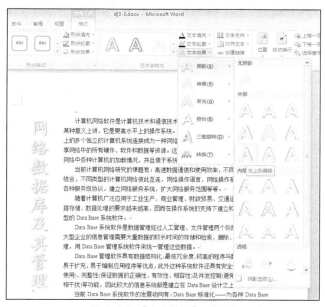

图 3-68　"文本效果"对话框

选择"网络数据库及其管理"艺术字，单击"绘图工具"下的"格式"选项卡下的"排列"组中的"位置"按钮，选择"顶端居右"方式；单击"排列"组中的"自动换行"按钮，选择"四周型环绕"方式。然后，将"网络数据库及其管理"艺术字移动到合适的位置，效果如图 3-69 所示。

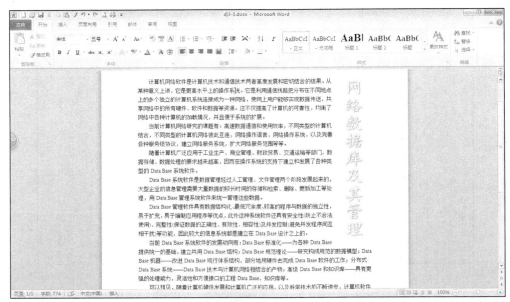

图 3-69 "网络数据库及其管理"艺术字效果

实现上述的步骤之后,注意单击"文件"选项卡下的"保存"命令,保存修改。

4.分栏

在 dj3-3.docx 文件中,选中正文第 4~6 段文字,如图 3-70 所示,单击"页面布局"选项卡下的"页面设置"组中的"分栏"按钮,选择"更多分栏"命令,弹出"分栏"对话框,在"分栏"对话框中,选择预设中的"两栏",勾选"分隔线"复选框,出现"√"即可,如图 3-71 所示,单击"确定"按钮后,出现如图 3-72 所示的效果。

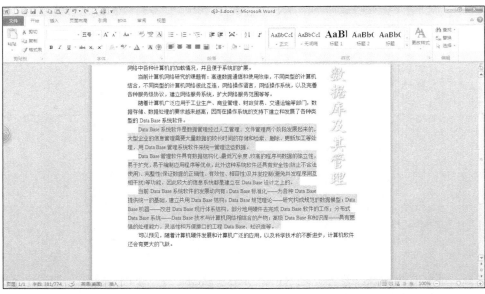

图 3-70 选中文字的效果

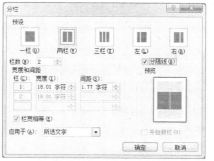

图 3-71 "分栏"对话框

图 3-72 设置"分栏"的效果

实现上述的步骤之后，注意单击"文件"选项卡下的"保存"命令，保存修改。

5．设置底纹

在 dj3-3.docx 文件中，选中正文第 4~6 段文字，单击"开始"选项卡下的"段落"组中的"下框线"按钮靠右位置的倒三角形，选择"边框和底纹"命令，弹出"边框和底纹"对话框，在"边框和底纹"对话框中，选择"底纹"选项卡，在"填充"项中选择"白色、背景 1，深色 15%"底纹，如图 3-73 所示。

单击"确定"按钮后，出现如图 3-74 所示的效果。

图 3-73 "底纹"对话框

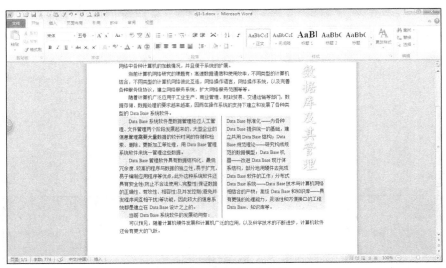

图 3-74　设置"底纹"的效果

实现上述的步骤之后，注意单击"文件"选项卡下的"保存"命令，保存修改。

6．插入图片

将光标定位在文档中要插入图片的位置，单击"插入"选项卡下的"插图"组中的"图片"按钮，打开 X:\素材文件工作目录下的图片文件 imgcj.jpg（缩放比例为 50%）和 earth.jpg。

选择图片文件 imgcj.jpg，单击鼠标右键，在弹出的菜单中选择"大小和位置"命令，打开"布局"对话框，选择"大小"选项卡，调整缩放比例为 50%，单击"确定"按钮；单击"图片工具"下的"格式"选项卡下的"排列"组中的"自动换行"按钮，选择"四周型环绕"方式。按样文版式排列，并移动到合适的位置，效果如图 3-75 所示。

图 3-75　插入图片 imgcj.jpg 的效果

选择图片文件 earth.jpg，单击"图片工具"下的"格式"选项卡下的"排列"组中的"自动换行"按钮，选择"四周型环绕"方式。然后，按样文版式排列，并移动到合适的位置，如图 3-76 所示的效果。

图 3-76   插入图片 earth.jpg 的效果

实现上述的步骤之后，注意单击"文件"选项卡下的"保存"命令，保存修改。

7．设置字体格式

在 dj3-3.docx 文件中，选中正文第 1 段第一行的"软件"两字，单击"开始"选项卡下的"字体"组右下角的"对话框启动器"按钮 ，打开"字体"对话框，选择"字体"选项卡，在"字体颜色"选项中，选择红色，如图 3-77 所示；在"下划线线型"选项中，选择"字下加线"选项，如图 3-78 所示，单击"确定"按钮。

图 3-77   设置"字体颜色"

图 3-78   设置"下划线线型"

同理，如图 3-79 所示，将正文第 3 段的"Data Base"更改为添加下画线的红色文字，效果如图 3-80 所示。

图 3-79　"字体"对话框

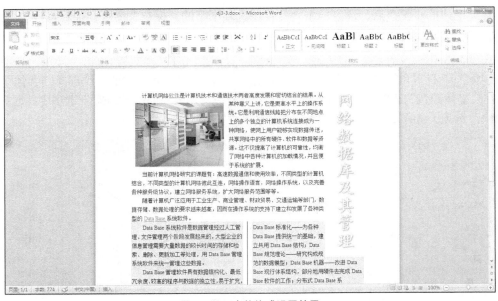

图 3-80　字体格式设置效果

实现上述的步骤之后，注意单击"文件"选项卡下的"保存"命令，保存修改。

8．添加尾注

在 dj3-3.docx 文件中，将插入点放在正文第 3 段英文"Data Base"后面的位置。然后，在"引用"选项卡下的"脚注"组右下角的"对话框启动器"按钮，打开"脚注和尾注"对话框，在"位置"栏的两个单选钮中单击"尾注"选项，选择"文档结尾"，如图 3-81 所示。

单击该对话框底部的"插入"按钮，录入尾注的内容"即数据库"。选中正文第 3 段的插入点"i"的位置，设置无下画线、字体颜色为黑色，效果如图 3-82 所示。

图 3-81 "尾注"对话框

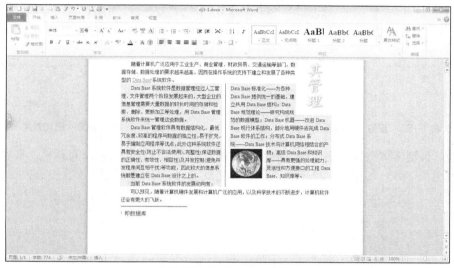

图 3-82 "尾注"效果和格式

实现上述的步骤之后，注意单击"文件"选项卡下的"保存"命令，保存修改。

9．查找和替换

在 dj3-3.docx 文件中，选中第 4~6 段的内容，单击"开始"选项卡下"编辑"组中的"替换"按钮，打开"查找和替换"对话框，选择"查找"选项卡，在"查找内容"项中录入英文字母"Data Base"，如图 3-83 所示。

选择"替换"选项卡，在"替换为"项中录入文字"数据库"，如图 3-84 所示。

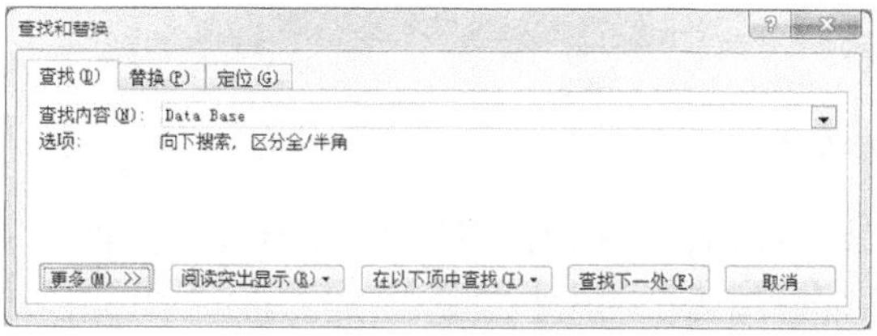

图 3-83 "查找"对话框

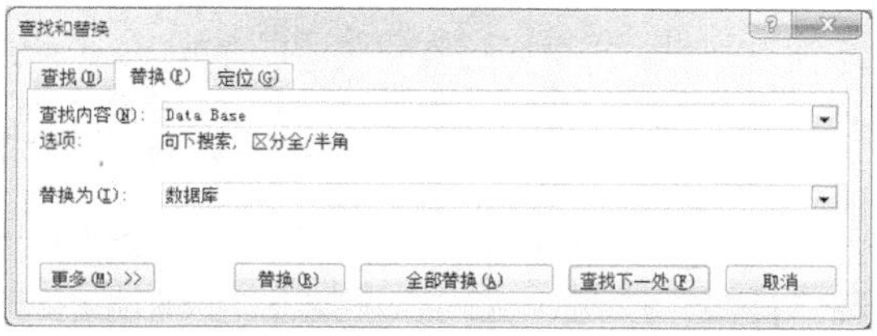

图 3-84 "替换"对话框

确定光标在"替换为"选项中,单击"更多"按钮,展开"搜索选项"和"替换"选项。

单击"格式"按钮,选择"字体"命令,弹出"替换字体"对话框。选择"字体"选项卡,在"字体颜色"选项中,选择"蓝色",如图 3-85 所示;在"字形"选项中,选择"加粗";在"效果"选项中,勾选"双删除线"复选框,出现"√"即可,如图 3-86 所示。

图 3-85 设置"字体颜色"

图 3-86 设置字形和效果

单击"替换字体"对话框中的"确定"按钮,出现"查找和替换"对话框,在"替换为"选项,出现"字体:加粗,字体颜色:蓝色,非删除线,双删除线",如图 3-87 所示。

图 3-87 设置替换字体的格式

单击"查找和替换"对话框的"查找下一处"按钮,光标出现在"Data Base"位置,单击"替换"按钮,直到出现如图 3-88 所示对话框,单击"否"按钮。

单击"查找和替换"对话框的"关闭"按钮,完成了将第 4~6 三段中所有"Data Base"英文字母改成蓝色加粗加双删除线的"数据库"汉字效果,如图 3-89 所示。

图 3-88 "替换完成"对话框

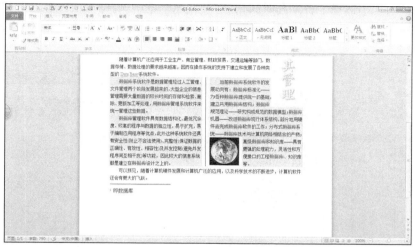

图 3-89 "替换完成"效果

实现上述的步骤之后，注意单击"文件"选项卡下的"保存"命令，保存修改。

10．添加页眉和页码

将光标定位在文档中的任意位置，单击"插入"选项卡下"页眉和页脚"组中的"页眉"按钮，选择"编辑页眉"命令，在页眉录入文字"网络基础"。

单击"页眉和页脚"组中的"页码"按钮，选择"当前位置"命令，在"简单"对话框中选择"加粗显示的数字"项，录入文字"第页共页"。

在"开始"选项卡中，选择"居中"按钮，设置中文字体为宋体，数字为 Times New Roman 字体，字号为小五；"网络基础"和"第页共页"之间加多个空格，"第 1 页"和"共 1 页"之间加一个空格，如图 3-90 所示效果。

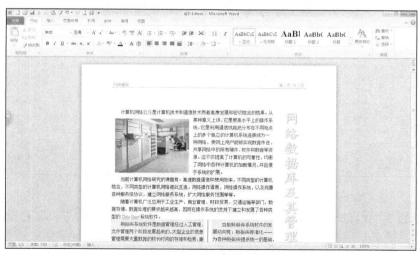

图 3-90 添加页眉和页码的效果

实现上述的步骤之后，注意单击"文件"选项卡下的"保存"命令，保存修改。

11．设置页脚

在页脚位置双击鼠标左键，将光标定位在文档中的页脚开始处，单击"插入"选项卡下"文本"组中的"文档部件"按钮，选择"文档部件"菜单的"域"命令，打开"域"对话框，在"类别"列表框中选择"日期和时间"，在"域名"框中选择"CreateDate"文档的创建日期，在"域属性"框中选择"日期格式"，效果如图 3-91 所示；单击"确定"按钮，显示如图 3-92 所示效果。

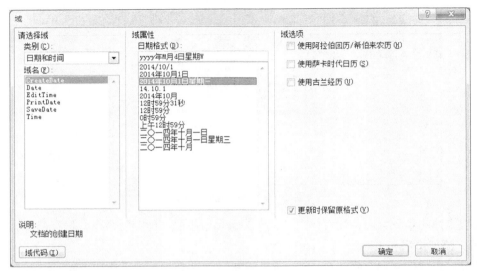

图 3-91 "域"命令对话框

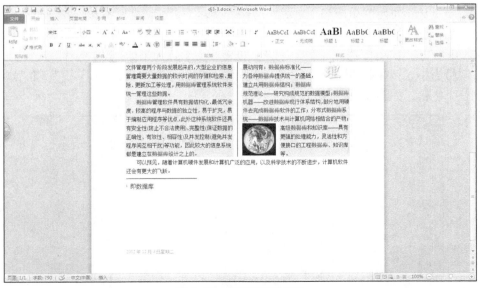

图 3-92 设置页脚的效果

实现上述的步骤之后，注意单击"文件"选项卡下的"保存"命令，保存修改。

复习题

1. 打开 X:\素材文件工作目录下的 test9.docx，参照"样文 3-4.jpg"，按要求编辑文档，然后以 dj3-4.docx 为名保存到考生文件夹，具体要求如下。

（1）设置页面：纸张大小为自定义（宽度 21.59 厘米，高度 35.56 厘米）；上、下页边距各 2.5 厘米，左、右页边距各 3.2 厘米；页眉和页脚距边界分别为 1.5 厘米和 1.75 厘米。

（2）将正文中所有"男孩"替换成"boy"。

（3）删除最后两段文字；正文文字为幼圆、五号、深蓝；首行缩进 2 个字符，段前、段后间距 1 行，1.5 倍行距；正文前 2 段设置为偏右两栏；最后一段填充浅绿色底纹，加 1.5 磅双线型边框。

（4）将标题"雨中的纸鹤"设置为艺术字，样式为第 5 行第 4 列，字体为华文行楷、小初，文字方向垂直，四周型环绕方式，并按样文版式排列。

（5）插入文件夹 X：\素材文件工作目录\03\目录中的图片"beishang.jpg"，缩放比例为 50%，四周型环绕并按样文版式排列。

（6）将上述图片作为页眉插入，两端对齐并适当调整大小。

2. 打开 X:\素材文件工作目录下的 zy3-4.docx，参照"样文 3-9.jpg"，按以下要求编辑文档，然后，以 dj3-8.docx 为名保存到考生文件夹。

（1）设置页面：纸张为 B5（JIS）；上、下页边距各 2.5 厘米，左、右页边距各 2.4 厘米。

（2）将正文设置为两栏格式，为文中最后两句话填充浅绿色底纹。

（3）将标题"缪斯的左右手"设置为艺术字，样式为第 3 行第 4 列，字体为华文行楷、小初，阴影样式为"外部—向右偏移"，上下型环绕方式，并按样文版式排列。

（4）插入文件夹 X：\素材文件工作目录\03\目录中的图片"meigui.gif"（缩放比例为 40%）和"ripple.jpg"；四周型环绕方式，并按样文版式排列。

（5）设置正文第 1 段中第一个"散文"两字为红色字体，加下画线，并添加尾注："散文，是指同诗歌、小说、戏剧并列的一种文学体裁。"尾注字体为宋体、小五号，颜色为绿色。

（6）参照样文在页面顶端插入页码（颚化符）。

PART 4

任务 4
Excel 2010 工作簿操作

● 基本概念
● 新建工作簿
● 格式化工作表
● 打印工作表
● 建立图表

　　Excel 2010 是美国微软公司发布的 Office 2010 组件之一，它具有强大的电子表格处理功能；可以进行各种数据处理、统计分析和辅助决策等；已被广泛应用于财务、人事、行政、统计和金融等众多领域，特别是在财务、统计领域的应用。有些专业人员认为 Excel 是世界上应用最广的财务软件。

实训 4.1——认识 Excel 2010

　　作为一款优秀的电子表格制作软件，Excel 2010 的基本功能如下。

　　电子表格处理：Excel 2010 中最基本的功能，与日常工作中所用的表格非常相似，但其功能更加强大，更易于使用，在表格中可以使用公式和函数对数据进行复杂的运算，而且可以很容易地将电子表格插入 Word 或 Web 页面中。

　　图表演示：可以将电子表格中的数据以图形的方式进行显示，便于用户直观地分析和观察表中的数据。常用的图表有柱形图、折线图、饼图、条形图、面积图、散点图以及三维图表等。

　　数据分析：可以使用 Excel 跟踪数据，生成数据分析模型，以多种方式透视数据，全新的分析和可视化工具可帮助跟踪和突出显示重要的数据趋势；可以在移动办公时从几乎所有

Web 浏览器或 Smartphone 访问重要数据；可以将文件上载到网站并与其他人同时在线协作。

4.1.1 Excel 2010 的启动

通过双击桌面快捷方式图标 ，或单击 Windows 操作系统的菜单【开始】|【所有程序】|【Microsoft Office】|【Microsoft Office Excel 2010】命令，便可启动 Excel 软件，打开其窗口。当出现图 4-1 所示的 Excel 2010 工作界面时，表示已成功启动 Excel 2010。

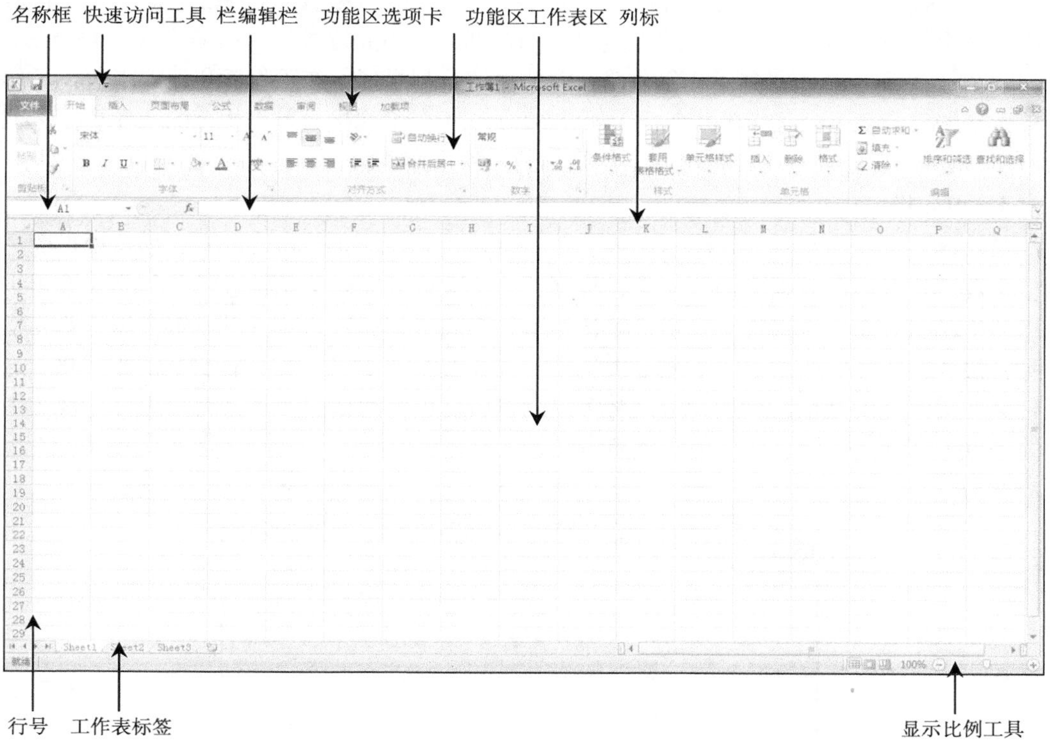

名称框　快速访问工具　栏编辑栏　功能区选项卡　功能区工作表区　列标

行号　工作表标签　　　　　　　　　　　　　　　　　　　　　　　　显示比例工具

图 4-1　Excel 2010 的窗口界面

4.1.2 Excel 2010 的窗口界面

Excel 2010 的窗口界面如图 4-1 所示，主要由名称框、快速访问工具栏、编辑栏、功能区选项卡、功能区、工作表区、列标、行号、工作表标签、显示比例工具等组成。主要部分功能介绍如下。

名称框：主要用于显示当前选定的单元格的地址或名称。

快速访问工具栏：通过该工具栏可以快速访问频繁使用的工具按钮。

编辑栏：用于在当前选定的单元格中输入或编辑数据。

功能区选项卡：用于选择不同的功能区。

功能区：提供相应的功能命令。

工作表区：用于输入和编辑的表格区域。

工作表标签：显示当前编辑的工作表名称，单击该标签进入相应的工作表。

4.1.3 Excel 2010 的基本概念

1．工作簿

Excel 文件一般称为工作簿，一个 Excel 2010 工作簿文件可以包含几百甚至上万张工作表，其数量只受计算机可用内存的限制，默认情况下，一个工作簿包含 3 张工作表。

2．工作表

工作表是由工作表标签来识别的，如图 4-1 中所示的 Sheet1、Sheet2 等。一个工作表由 1 048 576 行和 16 384 列构成，行的编号为 1~1048576，列的编号依次用字母 A、B…XFD 表示，如图 4-1 所示，行号显示在工作簿窗口的左边，列号显示在工作簿窗口的上边。工作表是单元格的集合，一个工作表共包含 1048576×16384 个单元格，单击相应的工作表标签就会"翻开"相应的工作表，正在编辑的工作表称为活动工作表。

3．单元格

单元格是工作表中的小方格，它是工作表的基本元素，也是 Excel 2010 独立操作的最小单位。我们可以向单元格中输入文字、数据、公式，也可以对单元格进行各种格式设置。每个单元格都有一个名称来唯一标识，默认由工作表的"列标"与"行号"组合作为单元格的名称，如 A1 表示 A 列与第一行交叉的单元格，C3 就表示 C 列与第三行交叉的单元格，这个名称又叫单元格的地址。当用户选定某个单元格后，该单元格四周将会有粗黑框，被选中的单元格称为活动单元格，活动单元格的名称会在名称框里显示，图 4-2 所示是选定 C3 单元格后的情况。

图 4-2　活动单元格

4.1.4 Excel 2010 的基本操作

Excel 2010 的基本操作主要包括以下几个方面。

（1）工作簿的基本操作。

（2）工作表的基本操作。

（3）单元格的基本操作。

下面分别予以详细说明。

1．工作簿基本操作

工作簿的基本操作主要有新建、打开、保存、关闭。

（1）新建工作簿

启动 Excel 2010 后，将自动建立一个新的空白工作簿文件，默认新工作簿文件名为"工作簿 1.xlsx"，也可以单击"文件"选项卡，在对应的功能命令中单击"新建"命令，将会出现图 4-3 所示的新建工作簿窗口，在"可用模板"下双击对应的模板，或先单击选择对应的模板，然后单击右下方的"创建"按钮就可以新建指定模板的工作簿文件。

图 4-3　新建工作簿界面

（2）打开工作簿

在启动 Excel 2010 后，用户可以通过选择"文件"选项卡，然后单击"打开"命令，在弹出的"打开"文件对话框中找到想要打开的文件，单击"打开"按钮即可打开对应的工作簿文件；也可以直接先通过 Windows 的窗口，找到需要打开的工作簿文件，在该文件的图标上双击鼠标打开。

（3）保存工作簿

用户通过选择"文件"选项卡中的"保存"命令，或单击"快速访问工具栏"上的"保存"按钮 ，可以将对正在编辑的工作簿文件进行保存；如果当前编辑的工作簿是新建的，则会弹出"另存为"对话框，如图 4-4 所示，选择需要保存的路径，并在对应的"文件名"列表框中输入文件名，再单击"保存"按钮即可。

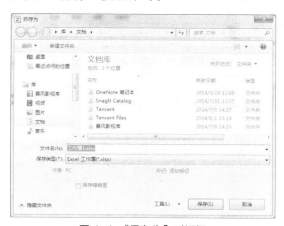

图 4-4　"另存为"对话框

（4）关闭工作簿

可以通过单击"文件"选项卡中的"关闭"命令，或者单击标题栏最右侧的关闭按钮即可关闭当前工作簿。如果在关闭前曾编辑工作簿，在关闭时将会出现是否保存的对话框。

2．工作表的基本操作

工作表的基本操作主要有插入、移动或复制、删除、重命名等

（1）插入新工作表

通过单击"开始"选项卡中"单元格"组的"插入"按钮的下拉箭头，在弹出菜单中单击"插入工作表"命令可以实现在当前工作表左侧插入一张新的空白工作表；也可以使用"Ctrl+F11"的组合键实现该功能；还可以通过单击工作表标签中的图标 🔲，实现在该图标左侧插入一张新的空白工作表的功能。

（2）移动或复制工作表

选择需要移动或复制的工作表，在工作表标签上单击鼠标右键，将会弹出图 4-5 所示的菜单，选择"移动或复制"选项，将弹出如图 4-6 所示的对话框，选择需要移动的位置，如果是复制则需要勾选"建立副本"的复选框，然后单击"确定"按钮即可。

图 4-5　弹出菜单

图 4-6　移动或复制工作表

（3）删除工作表

打开需要删除的工作表，在"开始"选项卡中的"单元格"组中单击"删除"下拉箭头，在弹出的菜单中选择"删除工作表"命令；或者在需要删除的工作表标签上单击鼠标右键，在弹出菜单中选择"删除"选项。

（4）重命名工作表

在需要重命名的工作表标签上单击鼠标右键，选择"重命名"选项，此时选中的工作表标签将会出现黑色底纹，输入需要修改的名称，以"Enter"键结束输入。

3．单元格的基本操作

单元格的基本操作主要有单元格的选择、数据录入、移动、复制、删除等。

（1）单元格的选择

对单元格进行各种操作前通常需要先选择对应的单元格区域。熟练掌握单元格的选择方法可以提高制表的效率。不同的单元格区域选择方法也不同，表 4-1 给出了单元格选择操作的方法。

表 4-1　单元格的选择方法

选择区域	操作方法
单个单元格	单击需要选择的单元格；或在名称框中输入该单元格地址后按"Enter"键；或使用键盘上的方向键移动到该单元格
连续单元格区域	单击连续单元格区域左上角的单元格（或任意一角），在鼠标指针变成 ✛ 形状时拖曳鼠标到右下角的单元格（连续区域对角），释放鼠标；或者选中连续单元格区域左上角单元格，然后按住"Shift"键，再单击右下角的单元格。
不相邻的单元格区域	先选择第一个单元格区域，然后在按住【Ctrl】键的同时单击其他单元格区域
单行或单列	单击对应的行号或列号
连续的行或列	先单击第一个行号或列号，然后拖曳鼠标到连续的最后一个行号或列号
不连续的行或列	先单击第一个行号或列号，然后在按住"Ctrl"键的同时单击其他行号或列号
整个工作表	单击行号与列号交汇处的灰色方格；或单击任意一个单元格，然后按下"Ctrl+A"组合键

（2）单元格的数据录入

单击选择需要录入数据的单元格，利用键盘即可进行数据录入，编辑栏与单元格中将同时出现所录入的数据，同时在编辑栏上也会出现 ✓ 和 × 按钮，按下"Enter"键或者单击编辑栏上的 ✓ 完成数据录入，按下"Esc"键或者单击编辑栏上的按钮 × 取消当前录入操作，图 4-7 所示为在 C2 单元格录入数据"Excel 应用"的情况。

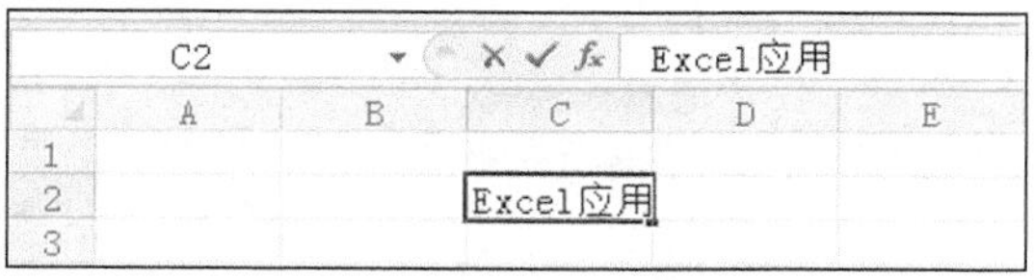

图 4-7　单元格数据录入

在 Excel 2010 中一个单元格最多可以存放 32 767 个字符，输入到单元格中的字符数据则分为"常量"与"公式"两大类。"常量"是指输入到单元格中的数据不会因其他单元格的数值变化而变化，包括文本、数字、日期、时间等；公式是 Excel 进行数值计算的等式，在单元格输入"="开始，由数值、单元格地址、名字、运算符、函数等组成的一个序列。

对于常量数据，在用户录入后，Excel 2010 会自动赋予其一个类型，其赋予的规则如下：如果符合日期时间类型，则会认为是日期时间；否则如果符合数值数据要求，则作为数值处理；其他的则被解释成文本数据，下面分别介绍日期时间、数值、文本等常量数据的录入操作。

（1）日期、时间的录入

Excel 支持日期时间类型的数据，其内置了部分日期时间的函数，可以进行相应的日期时间运算。通过单击"开始"选项卡中"单元格"组的"格式"下拉箭头，在弹出的菜单中单击"设置单元格格式"，再选择"数字"选项卡中的"日期"或"时间"，就可以看到 Excel 支持的日期或时间类型的格式。如果输入的数据符合这些格式将被默认成日期或时间类型。图 4-8 和图 4-9 分别给出了部分日期和时间的格式。

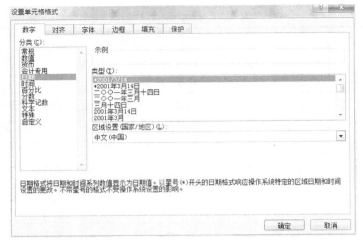

图 4-8　部分日期格式

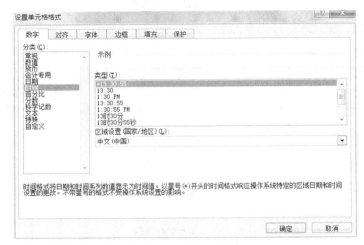

图 4-9　部分时间格式

（2）数值录入

在 Excel 中数值数据只可以包含数字（0~9）、小数点以及特殊字符（+、—、( )、/、$、,、E、e）。需要注意的是，单元格被应用成数字格式，如果单元格显示多个 "#" 号，则可能是单元格列宽不够，可以调整单元格列宽；当单元格中数值数据超过一定长度时，单元格将按科学计数法显示；当单元格录入的数字串以 0 开头时，Excel 将会自动去掉前缀 0；当单元格数值的整数位超过 15 位时，超过的数字位数将会自动变为 0。图 4-10 给出了在 C2 和 D2 单元格中分别输入数字 0123456789012356789 时各单元格显示的结果情况。

图 4-10　输入多位数字后单元格显示结果

（3）文本录入

在 Excel 中只要不被 Excel 解释成公式、数值、日期时间、逻辑值，则任何数据均可作为文本，文本在输入时默认在单元格中左对齐。当需要输入某些数字组成的字符串时，如电话号码、数字序号、身份证号等，可以在数字前加英文半角的单引号"'"或者在录入前将单元格格式设置为文本类型，此时单元格的左上角将会出现绿色小三角形，用以提醒用户这些数字将被 Excel 当作文本处理，当选中这些单元格时，在单元格右侧将会出现警告图标，如图4-11 所示。

（4）单元格的移动和复制

用户选择需要移动或复制的单元格区域，然后单击功能选项卡"开始"中的"剪贴板"组的"剪切"图标 或"复制"图标 ，再选择目标单元格区域的左上角，最后选择"剪贴板"组中的"粘贴"按钮完成操作。这些操作也可以利用对应的快捷键完成。

（5）单元格的删除

要删除选定单元格中的文字可以先选择需要删除的单元格区域，按键盘上的"Delete"键。如要删除整个单元格，则可以先选择需要删除的单元格区域，然后单击功能选项卡"开始"中的"单元格"组的"删除"下拉箭头，在弹出的菜单中选择"删除单元格"，此时将弹出图4-12 所示的对话框，根据需要选择删除方式，单击"确定"按钮完成操作。

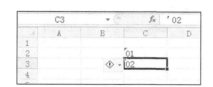

图 4-11　数字文本的录入

图 4-12　删除单元格

实训 4.2——格式化工作表

4.2.1　实训内容

打开 X:\素材文件工作目录\04\test4-08.xlsx，参照样文按要求完成工作表编辑，以dj4-08.xlsx 文件名另存入考生文件夹中，具体要求如下。

（1）使用 Sheet1 工作表中的数据，在标题上下各插入一行，添加相应文字；将"阳光花园"列移到"中海地产"列之后；设置条件格式，B5:F10 区域中单元格值大于 600 的单元格底纹颜色为浅绿色。

（2）标题格式：B2:F2 区域跨列居中，黄色底纹，字体为 20 号隶书，加粗，字体颜色为蓝色，行高为 30。

（3）所有数据单元格为会计专用格式、应用货币符号¥并保留两位小数位，其他各单元格内容水平垂直居中；设置第 4~11 行的行高为 21。

（4）设置表格边框线；表头格式为绿色底纹；设置页面，页边距上下为 3，水平垂直居中；设置页脚格式为第 1 页，共? 页；冻结表头和首列。

（5）为 A 列"合计"单元格添加批注"1~6 月份统计结果"。

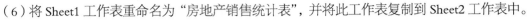

（6）将 Sheet1 工作表重命名为"房地产销售统计表"，并将此工作表复制到 Sheet2 工作表中。

（7）在 Sheet2 表的"合计"行前插入分页符 ；设置标题行到表头行为打印标题。

（8）使用统计结果、图表布局 9 和图表样式 37，在 Sheet2 工作表中创建一个带数据标记的堆积折线图。

房地产销售统计表

（万元）

月份	中海地产	阳光花园	碧桂园	雅居乐	怡新花园	总计
1月	￥ 480.00	￥ 110.00	￥ 358.00	￥ 650.00	￥ 200.00	￥ 1,798.00
2月	￥ 350.00	￥ 105.00	￥ 380.00	￥ 660.00	￥ 250.00	￥ 1,745.00
3月	￥ 360.00	￥ 100.00	￥ 365.00	￥ 500.00	￥ 210.00	￥ 1,535.00
4月	￥ 400.00	￥ 90.00	￥ 400.00	￥ 520.00	￥ 190.00	￥ 1,600.00
5月	￥ 390.00	￥ 108.00	￥ 320.00	￥ 580.00	￥ 180.00	￥ 1,578.00
6月	￥ 410.00	￥ 96.00	￥ 300.00	￥ 550.00	￥ 160.00	￥ 1,516.00

房地产销售统计表

（万元）

月份	中海地产	阳光花园	碧桂园	雅居乐	怡新花园	总计
1月	￥ 480.00	￥ 110.00	￥ 358.00	￥ 650.00	￥ 200.00	￥ 1,798.00
2月	￥ 350.00	￥ 105.00	￥ 380.00	￥ 660.00	￥ 250.00	￥ 1,745.00
3月	￥ 360.00	￥ 100.00	￥ 365.00	￥ 500.00	￥ 210.00	￥ 1,535.00
4月	￥ 400.00	￥ 90.00	￥ 400.00	￥ 520.00	￥ 190.00	￥ 1,600.00
5月	￥ 390.00	￥ 108.00	￥ 320.00	￥ 580.00	￥ 180.00	￥ 1,578.00
6月	￥ 410.00	￥ 96.00	￥ 300.00	￥ 550.00	￥ 160.00	￥ 1,516.00
合计	￥ 2,390.00	￥ 609.00	￥ 2,123.00	￥ 3,460.00	￥ 1,190.00	￥ 9,772.00

第 1 页，共 2 页

房地产销售统计表

（万元）

月份	中海地产	阳光花园	碧桂园	雅居乐	怡新花园	总计
合计	￥ 2,390.00	￥ 609.00	￥ 2,123.00	￥ 3,460.00	￥ 1,190.00	￥ 9,772.00

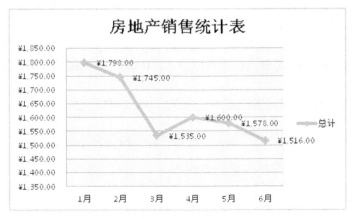

图 4-13 实训 4.2 样文

4.2.2 实训步骤

1．插入行，添加文字

首先启动 Excel 2010，打开素材工作目录\04\test4-08.xlsx，出现如图4-14所示的编辑界面。

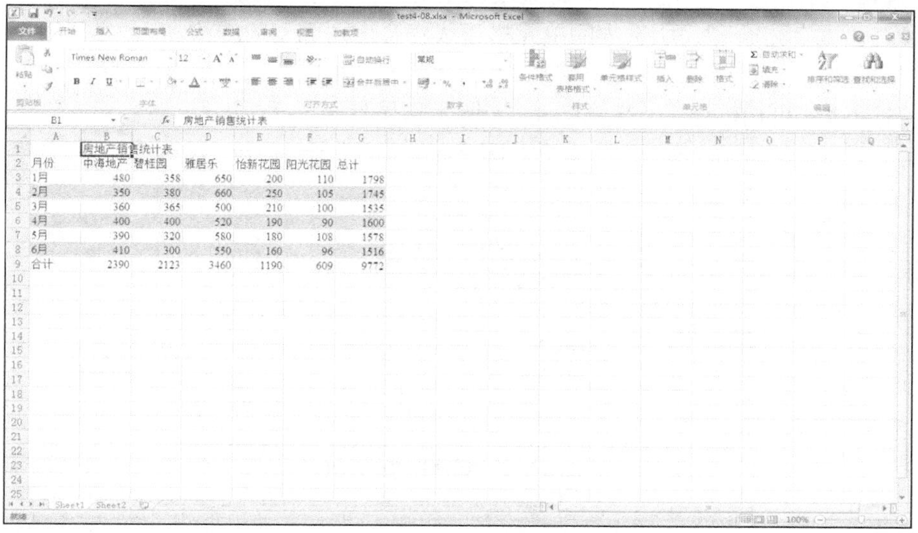

图4-14 实训4.2素材界面

在图4-14中，单击行号1选择第一行或单击第一行的任意一个单元格，单击功能区单元格组的"插入"|"插入工作表行"命令，将会在第一行前插入一个空白行，如图4-15所示。

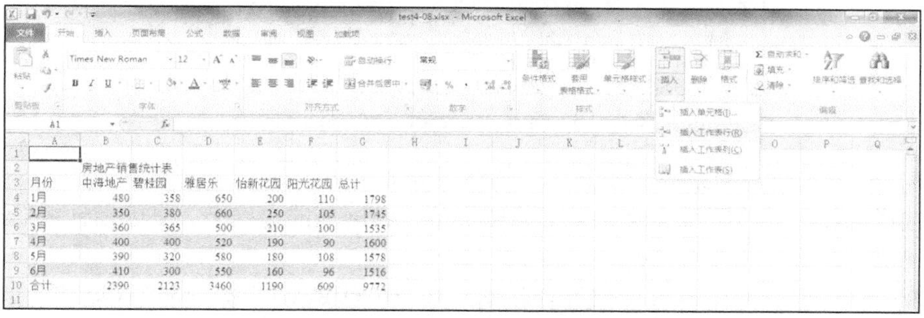

图4-15 插入空行操作

在图4-15所示表格中选择第3行，使用插入行的方法，可以在标题下方插入一个空行，然后选择G3单元格，录入文字"（万元）"，以"Enter"键完成输入，得到图4-16所示界面。

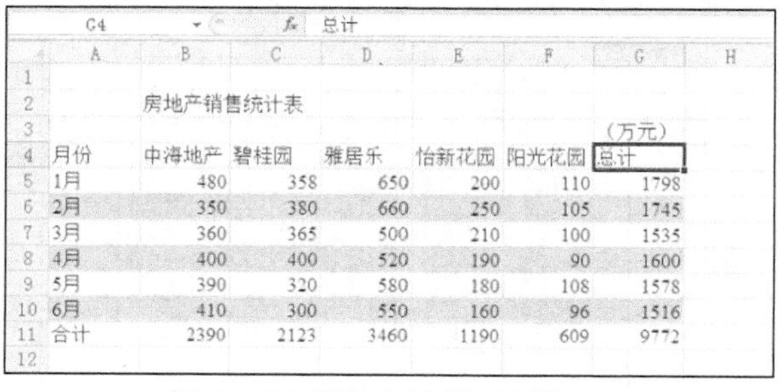

图4-16 录入文字"（万元）"后

2．行列移动：将"阳光花园"列移到"中海地产"列之后

在 Excel 中实现行列的移动有多种方法，这里介绍两种方法。

方法一：通过插入已剪切的单元格实现，具体步骤如下。

① 选择"阳光花园"列所在单元格区域（F4:F11），单击"剪贴板"功能区的剪切按钮 ✄ 或者利用"Ctrl+X"组合键，所选中的单元格边线将会出现闪动的虚线。

② 根据图 4-17 所示，在"碧桂园"所在单元格（C4）上单击鼠标右键，在弹出的菜单中单击"插入剪切的单元格"，得到图 4-18 所示结果界面。

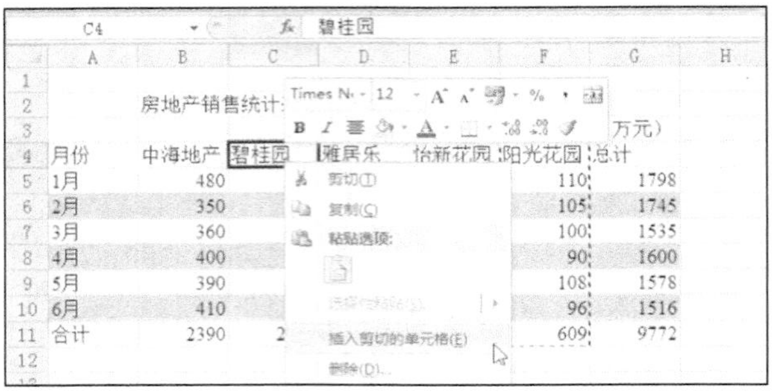

图 4-17　插入剪切单元格

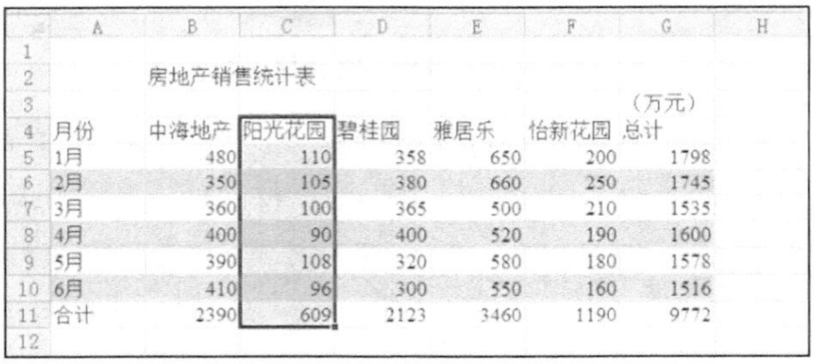

图 4-18　插入"阳光花园"列后的界面

方法二：通过键盘与鼠标快速实现，具体步骤如下。

① 选择连续单元格区域（F4:F11），将鼠标放在该区域的边线上，鼠标指针将变成 形状，如图 4-19 所示。

② 此时按住鼠标左键并拖曳鼠标，将出现灰色框线矩形区域，将该区域移动到图 4-20 所示的位置。注意鼠标指针的位置，在不释放鼠标的情况下，按下键盘上的"Shift"键，灰色矩形框将变成一条灰色直线，并且在鼠标指针旁会给出即将插入的位置（C4:C11），如图 4-21 所示。

③ 在图 4-21 所示界面中，先释放鼠标再释放键盘，得到图 4-18 所示界面。

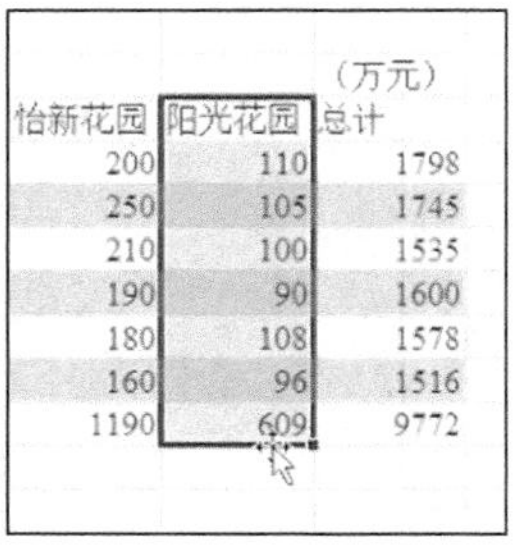

图 4-19　选择"阳光花园"列 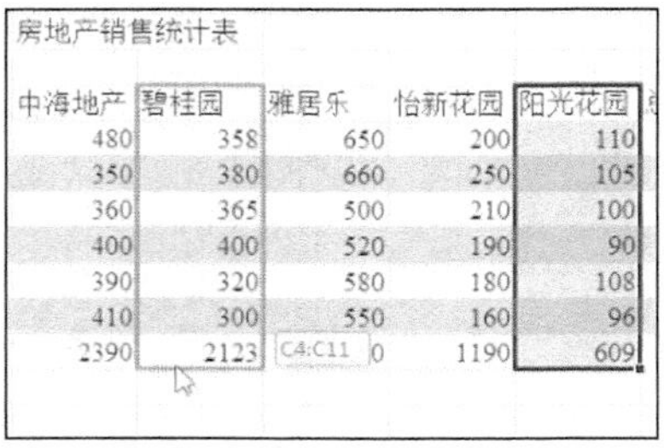　　　图 4-20　拖曳到"碧桂园"列位置　　　图 4-21　按下"Shift"键

3. 设置条件格式: 单元格值大于 600 的单元格底纹颜色为浅绿色

在图 4-18 所示表格中, 选择数值区域 (B5:F10), 在选项卡 "开始" 中单击 "样式" 组中的 "条件格式" | "新建规则" 命令, 如图 4-22 所示。

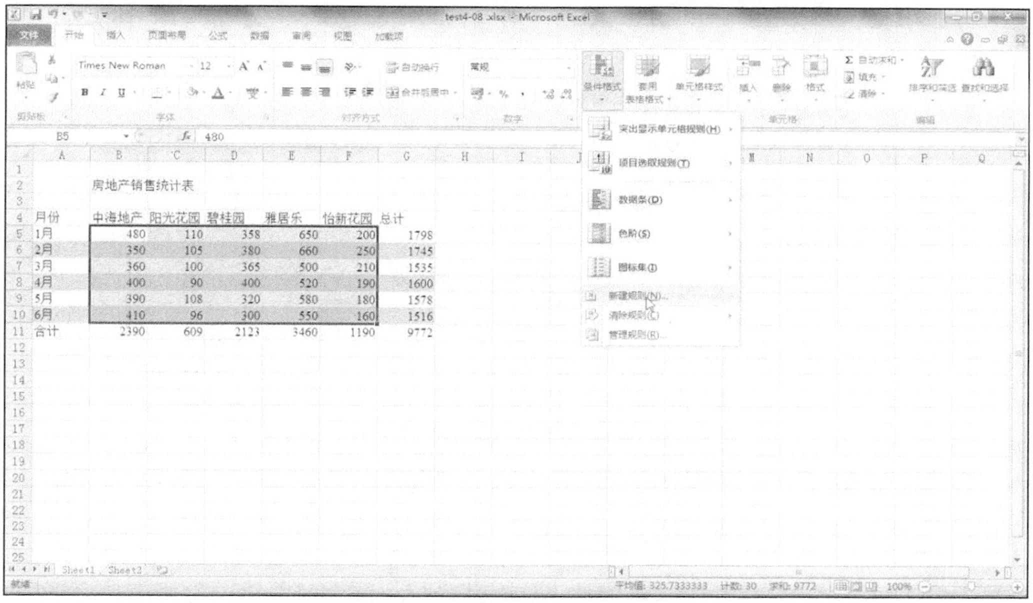

图 4-22 调用条件格式的 "新建规则"

在弹出的 "新建格式规则" 对话框中单击选择第 2 项 "只为包含以下内容的单元格设置格式", 然后在对话框下方的 "编辑规则说明" 栏中依次选择 "单元格值" "大于", 在数值框中输入 "600", 如图 4-23 所示。

图 4-23 "新建格式规则" 对话框

在图 4-23 所示对话框中单击格式按钮, 将弹出图 4-24 所示的 "设置单元格格式" 对话框, 在 "填充" 选项卡中选择浅绿, 然后单击 "确定" 按钮, 此时将回到 "新建格式规则" 对话框, 在该对话框单击 "确定" 按钮, 得到图 4-25 所示的结果界面。

图 4-24　设置单元格格式对话框"填充"选项

图 4-25　条件格式设置完成后的结果

4．单元格格式设置

在图 4-25 所示表格中选择（B2:F2）区域，单击"开始"选项卡的"对齐方式"组右下方的"格式对话框"启动器按钮，如图 4-26 所示，此时将弹出"设置单元格格式"对话框，在"对齐"选项卡的"水平对齐"下方的组合框中选择"跨列居中"，如图 4-27 所示。

图 4-26　对话框启动按钮

图 4-27　设置单元格文本对齐方式为"跨列居中"

在图 4-27 所示对话框中单击"字体"选项卡，依次设置字体为"隶书"，字形选项为"加粗"，字号为"20"字体颜色选项为"蓝色"，如图 4-28 所示。

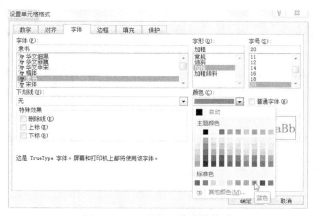

图 4-28　设置单元格字体格式

在图 4-28 所示对话框中，单击"填充"选项卡，在背景色选项中单击"黄色"，如图 4-29 所示，然后单击"确定"按钮，得到图 4-30 所示的结果界面。

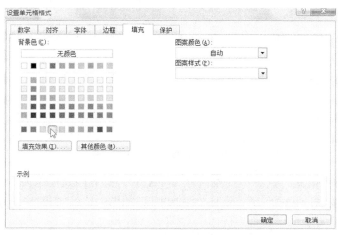

图 4-29　设置选定单元格背景色为"黄色"

	A	B	C	D	E	F	G	H
1								
2		房地产销售统计表						
3							(万元)	
4	月份	中海地产	阳光花园	碧桂园	雅居乐	怡新花园	总计	
5	1月	480	110	358	650	200	1798	
6	2月	350	105	380	660	250	1745	
7	3月	360	100	365	500	210	1535	
8	4月	400	90	400	520	190	1600	
9	5月	390	108	320	580	180	1578	
10	6月	410	96	300	550	160	1516	
11	合计	2390	609	2123	3460	1190	9772	
12								

图 4-30　标题单元格设置完成后的效果

在行号"2"上单击鼠标右键，在弹出的菜单上单击"行高"，将得到图 4-31 所示的行高设置界面，此时在文本框中输入"30"，单击"确定"按钮完成行高设置。

5．设置数字格式与对齐方式

选择工作表中的数据单元格 B5:G11，在图 4-32 所示功能选项卡"开始"的"数字"组中，单击右下角的"格式对话框"启动器按钮，在弹出的格式对话框"数字"选项卡中，依次在"分类""小数位数""货币符号"对应的列表框或组合框中选择对应的选项，如图 4-33 所示，单击"确定"按钮完成设置。

图 4-31　行高设置对话框

图 4-32　数字功能组

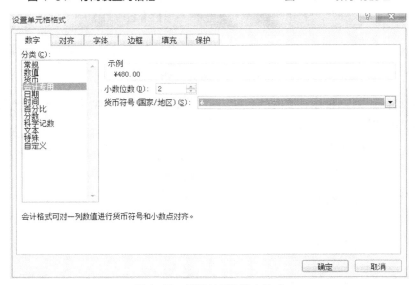

图 4-33　设置单元格数字格式

设置单元格对齐方式：选择单元格区域 A4:A11，然后在按住"Ctrl"键的同时，选择单元格区域 B2:G2，如图 4-34 所示，此时单击功能区"对齐方式"组对应的水平对齐按钮 ≡ 和垂直对齐按钮 ≡，实现水平与垂直居中，如图 4-35 所示。

	A	B	C	D	E	F	G
1							
2			**房地产销售统计表**				
3						(万元)	
4	月份	中海地产	阳光花园	碧桂园	雅居乐	怡新花园	总计
5	1月	¥ 480.00	¥ 110.00	¥ 358.00	¥ 650.00	¥ 200.00	¥ 1,798.00
6	2月	¥ 350.00	¥ 105.00	¥ 380.00	¥ 660.00	¥ 250.00	¥ 1,745.00
7	3月	¥ 360.00	¥ 100.00	¥ 365.00	¥ 500.00	¥ 210.00	¥ 1,535.00
8	4月	¥ 400.00	¥ 90.00	¥ 400.00	¥ 520.00	¥ 190.00	¥ 1,600.00
9	5月	¥ 390.00	¥ 108.00	¥ 320.00	¥ 580.00	¥ 180.00	¥ 1,578.00
10	6月	¥ 410.00	¥ 96.00	¥ 300.00	¥ 550.00	¥ 160.00	¥ 1,516.00
11	合计	¥ 2,390.00	¥ 609.00	¥ 2,123.00	¥ 3,460.00	¥ 1,190.00	¥ 9,772.00
12							

图 4-34　选择多重区域

图 4-35　设置对齐方式

垂直居中
对齐文本，使其在单元格中上下居中。

单击第 4 行的行号，然后按住鼠标右键并拖曳鼠标至第 11 行，单击功能区的"格式"|"行高"命令，如图 4-36 所示，然后在弹出的"行高"设置对话框中输入"21"，单击"确定"按钮。

图 4-36　设置多行行高

6．设置表格边框与表头底纹

Excel 显示灰色的单元格框线是为了方便用户编辑的，在打印时这些框线将不打印，表格边框样图为打印预览效果，如图 4-37 所示。

月份	中海地产	阳光花园	碧桂园	雅居乐	怡新花园	总计
1月	¥ 480.00	¥ 110.00	¥ 358.00	¥ 650.00	¥ 200.00	¥ 1,798.00
2月	¥ 350.00	¥ 105.00	¥ 380.00	¥ 660.00	¥ 250.00	¥ 1,745.00
3月	¥ 360.00	¥ 100.00	¥ 365.00	¥ 500.00	¥ 210.00	¥ 1,535.00
4月	¥ 400.00	¥ 90.00	¥ 400.00	¥ 520.00	¥ 190.00	¥ 1,600.00
5月	¥ 390.00	¥ 108.00	¥ 320.00	¥ 580.00	¥ 180.00	¥ 1,578.00
6月	¥ 410.00	¥ 96.00	¥ 300.00	¥ 550.00	¥ 160.00	¥ 1,516.00
合计	¥ 2,390.00	¥ 609.00	¥ 2,123.00	¥ 3,460.00	¥ 1,190.00	¥ 9,772.00

图 4-37　表格边框样文

设置边框的方法是从全局到局部，可以先设置全局的实线部分，即先设置外围粗实线和中间细单实线，再设置中间局部的横向点划线。

实线部分设置步骤：选择单元格区域（A4:G11），然后在该区域上单击鼠标右键，在弹出的快捷菜单中选择"设置单元格格式"命令，此时弹出"边框"设置页，首先在"线条"样式中单击选择粗实线（样式列表右侧倒数第二条），接着在预置窗格中单击外边框按钮 ▣，然后在"线条"样式中单击选择细单实线（样式列表左侧最后一条），紧接着在预置窗格中单击内部按钮 ⊞，如图 4-38 所示，最后单击"确定"按钮完成设置。

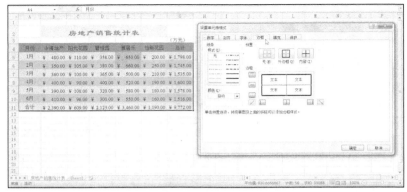

图 4-38　实线边框设置

横向点划线的设置步骤：选择单元格区域（A5:G11），依据上一步骤调出"设置单元格格式"对话框，在"边框"选项卡的线条样式列表框中单击加粗双点划线（列表右侧第一条），然后单击按下对话框左侧"边框"栏中的中线按钮 ⊟，或直接在边框设置预览图中用鼠标左键单击中边框线，设置界面如图 4-39 所示，单击"确定"按钮完成设置。

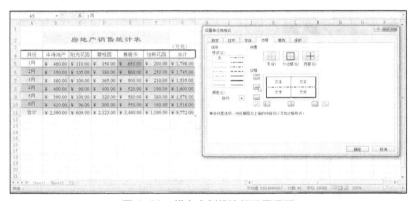

图 4-39　横向点划线边框设置界面

表头底纹设置：选择单元格区域 A4:G4，在功能区"字体"组中单击底纹按钮右侧小箭头，在弹出的颜色选择框中选择标准色中的绿色，完成表头底纹设置，如图 4-40 所示。

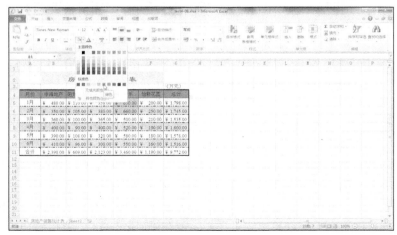

图 4-40　设置表头底纹为"绿色"

7．页面设置与冻结窗口

单击功能选项卡"页面布局"，然后单击"页面设置"功能组右下方的对话框启动器按钮，如图 4-41 所示，将弹出"页面设置"对话框。

图 4-41　启动页面设置对话框

在该对话框单击"页边距"选项卡，设置"上""下"的数值为"3"并单击鼠标左键勾选"居中方式"的"水平"和"垂直"复选框，如图 4-42 所示。单击"页面/页脚"选项卡，在"页脚"下方的组合框中选择"第 1 页，共？页"，如图 4-43 所示，单击"确定"按钮完成设置。

图 4-42　页边距设置

图 4-43　页眉/页脚设置

冻结表头和最左列：单击选择 B5 单元格，然后单击功能选项卡"视图"，在"窗口"功能组中单击"冻结窗口"，在下拉菜单中选择"冻结拆分窗格"，如图 4-44 所示。冻结拆分窗格成功后，会以 B5 单元格为分界，在 B 列的左方和第 5 行的上方出现黑色的分界线，此时拖曳横向滚动条，在分界线左方的列将会一直显示，如果拖曳竖向滚动条则分界线上方的行将会一直显示在工作表窗口中。

图 4-44　冻结拆分窗格

8．添加批注

单击选择 A11 单元格，然后选择"审阅"功能选项卡，单击"批注"功能组的"新建批注"按钮，如图 4-45 所示。

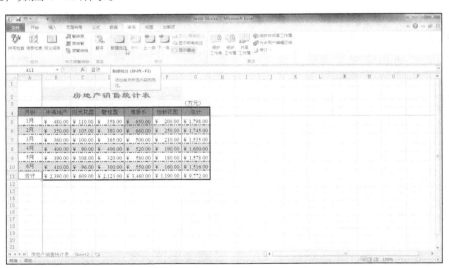

图 4-45　在"合计"单元格新建批注

在"合计"单元格旁边打开的批注框中输入"1~6 月份统计结果"，如图 4-46 所示。

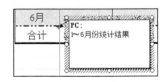

图 4-46　批注输入界面

完成后单击任意其他单元格或单击"保存"按钮完成设置，此时批注将会隐藏，在有批注的单元格的右上角将会出现一个红色的小三角形，当鼠标移动到该三角形上时将会出现批注内容。

9. 重命名与复制工作表

重命名工作表：在工作表 sheet1 的标签上单击鼠标右键，弹出图 4-47 所示的菜单，单击"重命名"选项，"Sheet1"将会呈白字黑底的选中状态，如图 4-48 所示，通过键盘输入"房地产销售统计表"，以"Enter"键完成工作表的新名称的输入，如图 4-49 所示。

图 4-47　重命名菜单

图 4-48　选择工作表名称

图 4-49　输入工作表新名称

复制工作表：单击工作表"房地产销售统计表"左上角行号与列号交汇处的灰色方格；或先单击表中任意一个单元格然后按下"Ctrl+A"组合键，使得整个工作表呈选中状态；单击功能区的复制按钮 ▫ 或使用快捷键"Ctrl+C"组合键，此时整个工作表的边框将会出现闪动的虚线框，如图 4-50 所示。

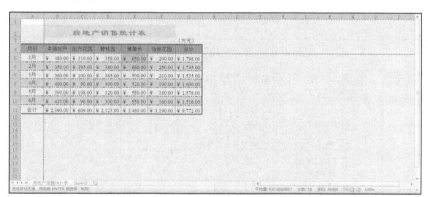

图 4-50　复制整个工作表

在图 4-50 中，单击工作表左下方的工作表标签"Sheet2"，然后单击"Sheet2"工作表的 A1 单元格，单击功能区"粘贴"上方的图标 ▫ 或用组合键"Ctrl+V"完成粘贴。图 4-51 所示为粘贴后的结果。

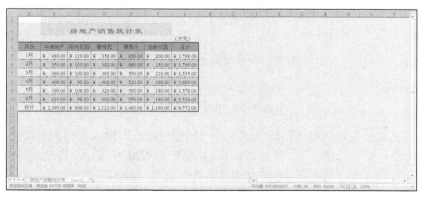

图 4-51　工作表粘贴后的界面

10．插入分页符，设置打印标题

插入分页符：在 Sheet2 工作表中，单击合计单元格"A11"或单击行号"11"，然后单击功能选项卡"页面布局"|"分隔符"|"插入分页符"，将会在合计行之前插入一根分页线，如图 4-52 所示。

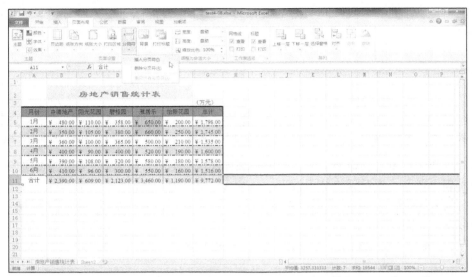

图 4-52　在"合计"行前插入分页线

打印标题设置：在图 4-52 所示窗口中单击"页面设置"功能组中的"打印标题"，将弹出图 4-53 所示的"页面设置"对话框。

图 4-53　页面设置对话框

单击"页面设置"对话框中打印标题下的"顶端标题行"输入框右侧的按钮 ，此时将弹出"页面设置－ 顶端标题行"选择对话框，鼠标指针将变成 ➜ 形状，拖曳鼠标选择"Sheet2"表中的标题所在行（即 2~4 行），选择对话框中将会出现"$2:$4"的参数，如图 4-54 所示。

图 4-54 "页面设置 – 顶端标题行"选择对话框

单击"页面设置——顶端标题行"选择对话框右侧的按钮,回到页面设置的工作表选项界面,如图 4-55 所示,单击"确定"按钮完成设置。

图 4-55 "打印标题"设置

此时可以按下组合键"Ctrl+P"或者单击功能选项卡"文件"|"打印",进行打印设置和预览打印效果,图 4-13 所示样文的第 2、第 3 张表格为打印预览效果。

11.插入图表

在工作表"Sheet2"中同时选中单元格区域 A4:A10 和 G4:G10,单击功能选项卡"插入"|"折线图"|"带数据标记的堆积折线图",如图 4-56 和图 4-57 所示。

图 4-56 图表类型选择

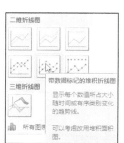

图 4-57 选择堆积折线图

在打开的图 4-58 所示界面中，单击选中图表，此时功能区将会出现"图表工具"页，在"设计"选项卡中单击"图表布局"组右侧的下拉箭头，如图 4-59 所示在弹出的图表布局中选择"图表布局 9"，如图 4-60 所示将得到图 4-61 所示的图表效果。

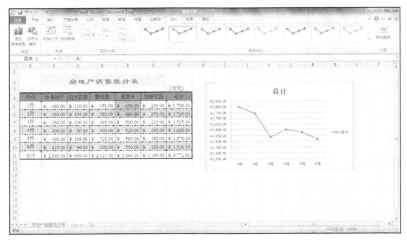

图 4-58　插入图表

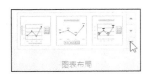

图 4-59　图表布局组

图 4-60　选择"图表布局 9"

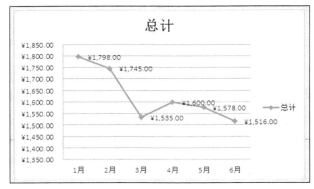

图 4-61　应用"图表布局 9"

在选中图表的情况下，单击"图表样式"组中的右侧下拉箭头，在弹出的样式列表中选择样式 37，如图 4-62 和图 4-63 所示，得到图 4-64 所示图表效果。

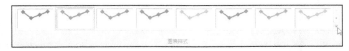

图 4-62　应用"图表布局 9" 1

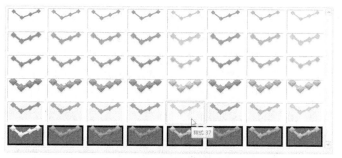

图 4-63　应用"图表布局 9"2

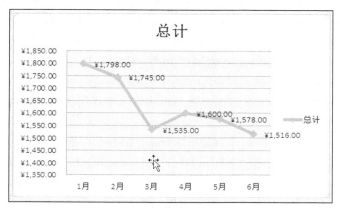

图 4-64　应用"图表布局 9"效果

任务 4　Excel 2010　工作簿操作

在图 4-64 中的图表标题文本"总计"上单击鼠标右键，在弹出的菜单中单击"编辑文字"，如图 4-65 所示，此时标题文字的边框会变成虚线，利用键盘删除"总计"，在标题文本框中输入"房地产销售统计表"，鼠标单击其他任意位置，完成图表标题的录入，如图 4-66 所示。

图 4-65　编辑图表标题文字

图 4-66　输入图表标题

完成编辑后单击菜单"文件"|"另存为"命令，将该工作簿文件另存为考生文件夹下的 dj4-08.xlsx。

实训 4.3—自动填充与快速建立图表

4.3.1　实训内容

打开 X:\素材文件工作目录\04\test4-07.xlsx，参照样文按要求完成工作表编辑，以 dj4-07.xlsx 文件名另存入考生文件夹中，具体要求如下。

（1）使用 Sheet1 工作表中的数据，在标题行上下各插入一行，并在 H3 单元格添加符号文字"（辆）"；将"6 月"行与"5 月"行对调；删除表格中的空行和空列；在工作表最左侧插入一列，在 A3 单元格输入"序号"，并在此列其他单元格输入如样文所示的顺序数字。

（2）标题格式：在工作表最左侧插入一列，将标题文字移到 A3 单元格；设置标题文字在 A3:A10 区域内合并居中，字体为 14 号黑体，垂直居中，文字竖排，自动换行，深蓝色底纹，字体颜色为白色，第 3~10 行的行高为 24。

（3）在 B 列左侧插入一列，将 J2 单元格中的文字移至 B3 单元格之中，将 B3:B10 单元格区域合并居中，文字竖排，底端对齐，底纹为黄色，设置列宽为 3；删除工作表中的空行；数据单元格为无小数位数值格式、使用千位分隔符、垂直居中、右对齐，其他各单元格内容水平垂直居中；数据"1880"单元格的格式为红色底纹，字体颜色为白色。

（4）设置表格边框线；表头格式为绿色底纹；"总计"行底纹为浅绿色；设置页面，页边距左右两边为 1.4，水平垂直居中；设置页眉格式为"第 1 页，共? 页"；冻结表头。

（5）为数据"1880"单元格添加批注"销售冠军"。

（6）将 Sheet1 工作表重命名为"某品牌汽车去年上半年销售量统计表"，并将此工作表复制到 Sheet2 工作表中。

（7）将 Sheet2 表的 A 列~D 列设置为打印标题，并使表格在"深圳"一列前分页 。

（8）使用相关数据、图表布局 3 和图表样式 48，在 Sheet2 工作表中创建一个分离型三维饼图。

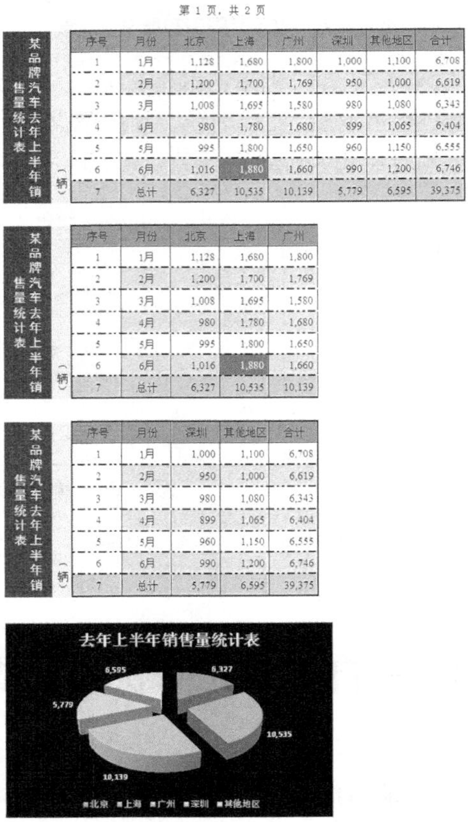

第 1 页，共 2 页

序号	月份	北京	上海	广州	深圳	其他地区	合计
1	1月	1,128	1,680	1,800	1,000	1,100	6,708
2	2月	1,200	1,700	1,769	950	1,000	6,619
3	3月	1,008	1,695	1,580	980	1,080	6,343
4	4月	980	1,780	1,680	899	1,065	6,404
5	5月	995	1,800	1,650	960	1,150	6,555
6	6月	1,016	1,880	1,660	990	1,200	6,746
7	总计	6,327	10,535	10,139	5,779	6,595	39,375

（左侧标题竖排：某品牌汽车售量统计表去年上半年销（辆））

序号	月份	北京	上海	广州
1	1月	1,128	1,680	1,800
2	2月	1,200	1,700	1,769
3	3月	1,008	1,695	1,580
4	4月	980	1,780	1,680
5	5月	995	1,800	1,650
6	6月	1,016	1,880	1,660
7	总计	6,327	10,535	10,139

序号	月份	深圳	其他地区	合计
1	1月	1,000	1,100	6,708
2	2月	950	1,000	6,619
3	3月	980	1,080	6,343
4	4月	899	1,065	6,404
5	5月	960	1,150	6,555
6	6月	990	1,200	6,746
7	总计	5,779	6,595	39,375

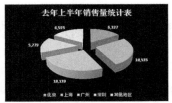

去年上半年销售量统计表

图 4-67　实训 4.3 样文

4.3.2 实训步骤

1.行列操作

首先启动 Excel 2010，打开素材工作目录\04\test4-07.xlsx，出现如图 4-68 所示的编辑界面。

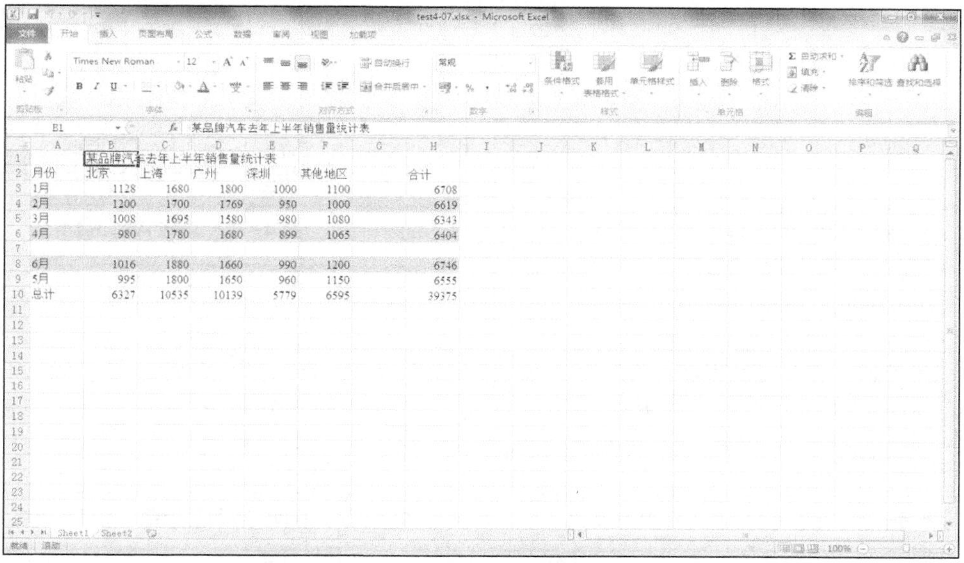

图 4-68 实训 4.3 素材界面

在图 4-68 所示界面中分别在第 1、第 3 行任意单元格上方单击鼠标右键,在弹出的图 4-69 所示的菜单中单击"插入"命令,在弹出的对话框中选择"整行",单击"确定"按钮,如图 4-70 所示。

图 4-69 右击行号弹出菜单

图 4-70 "插入"行操作

插入行后单击选择单元格 H3,然后单击编辑栏,输入文字"(辆)",以"Enter"键或单击编辑栏工具按钮的 ✓ 完成输入,得到图 4-71 所示结果。

选择单元格区域 A11:H11，将鼠标放在选定区域的边界上，如图 4-72 所示，按下鼠标左键拖曳该区域至 A9:H11，如图 4-73 所示，此时释放鼠标左键，得到图 4-74 所示的界面。

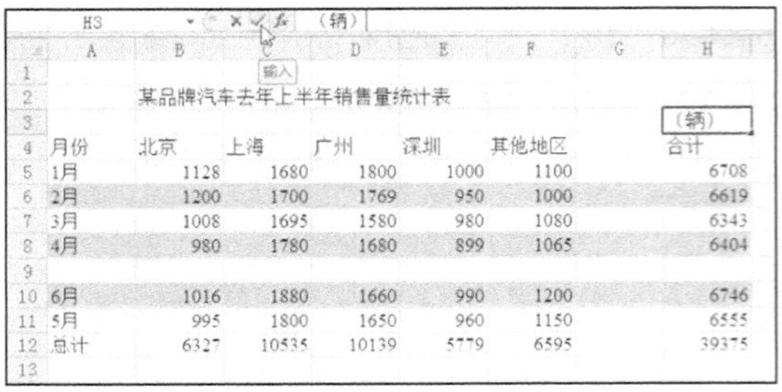

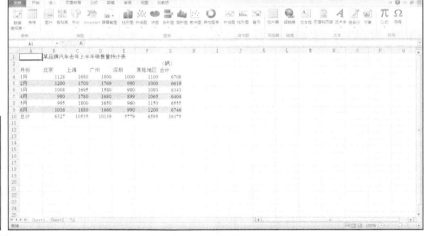

图 4-71　插入行与录入文字后

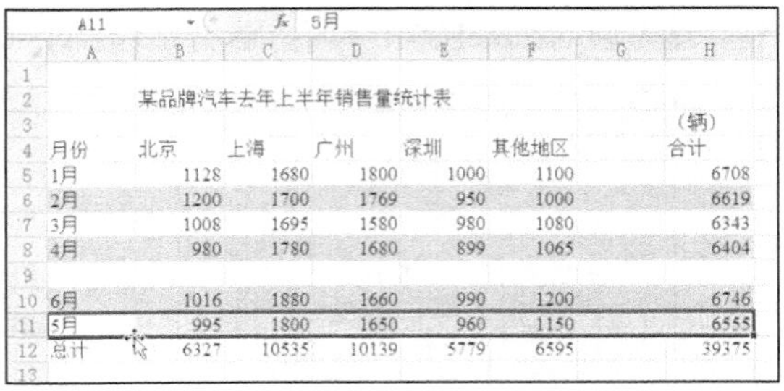

图 4-72　选择 A11:H11

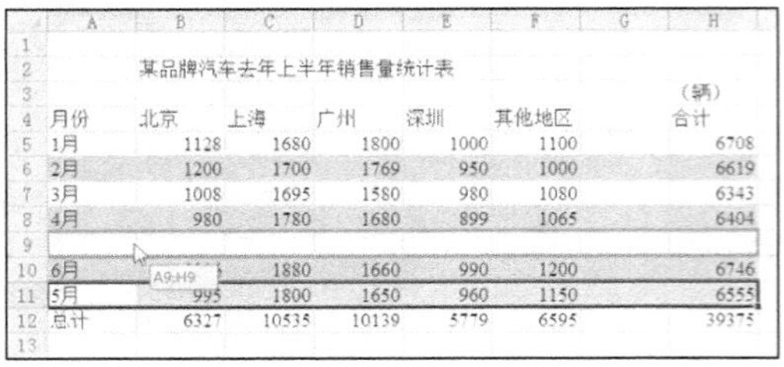

图 4-73　拖曳 A11:H11 至 A9:H9

图 4-74　移动"5 月"行至"6 月"行之上

在图 4-74 中，右键单击空行和空列所在的任意单元格，将弹出图 4-69 所示的菜单，此时单击"删除"命令，将弹出图 4-75 所示的"删除"对话框，在该对话框中选择"整行"或"整列"，单选项，单击"确定"按钮可以实现删除选中单元格所在行或列的功能。图 4-76 所示为删除空行和空列后的结果界面。

图 4-75　"删除"对话框

图 4-76　删除空行空列后

2．插入列，利用自动填充添加序号

在图 4-76 中，右击列号 A，在弹出的菜单中单击"插入"，实现插入一个空白列，然后在 A3 单元格中输入文本"序号"，在 A4、A5 单元格分别输入数字"1"和"2"，其他行的序号填写可以利用 Excel 的自动填充功能实现。

自动填充方法：选择单元格区域 A4:A5，将鼠标放在选择区域的右下角，指针将变成黑色十字形状，如图 4-77 所示，这个指针形状在 Excel 中称为自动填充柄，此时双击鼠标左键或拖曳自动填充柄到 A10 单元格，Excel 将自动根据初始所选择的单元格内容对自动填充柄所经过的单元格进行自动填充，初始所选择的 A5 单元格的内容比所选择的前一个单元格 A4 的值多 1，因此，自动填充将会以递增 1 的方式填充后续单元格，如图 4-78 和图 4-79 所示。

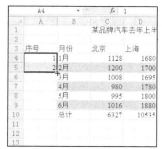

图 4-77 选择填充序列

图 4-78 拖曳自动填充柄至 A10

图 4-79 释放鼠标

3. 设置标题格式

根据插入列的方法，在工作表左侧插入一个空列，选择标题所在单元格 D1，利用鼠标拖曳该单元格至 A3 单元格中，如图 4-80 和图 4-81 所示。

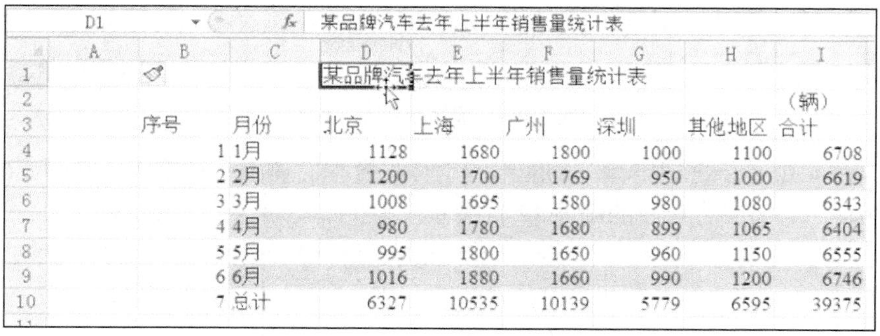

图 4-80 选择标题单元格 D1

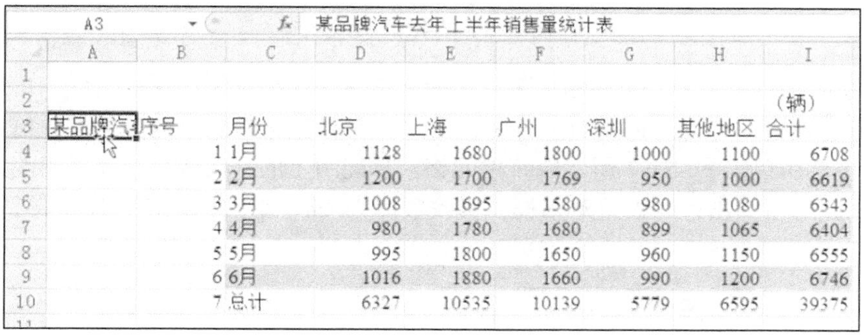

图 4-81 拖动单元格 D1 到 A3

在图 4-81 中选择单元格区域 A3:A10，在功能选项卡"开始"的"对齐方式"组中依次单击垂直居中图标 ≡、自动换行图标 自动换行、合并居中图标 合并后居中，使得这些图标都呈选中状态，如图 4-82 所示，然后单击文字方向图标 ≫，在弹出的图 4-83 所示的菜单中选择"竖排文字"，得到如图 4-84 所示结果。

图 4-82 "对齐方式"功能组

图 4-83 竖排文字

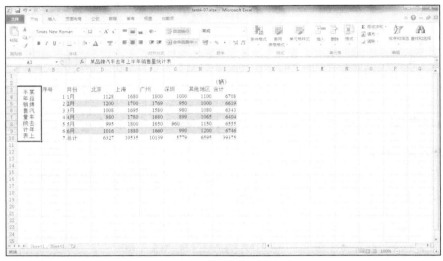

图 4-84 设置标题对齐方式

在图 4-84 中，单击"字体"功能组的字体设置框右侧的下拉箭头，在弹出的字体列表中选择"黑体"，将字号对应的数值 12 直接修改为 14，如图 4-85 所示。

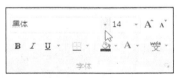

图 4-85 "字体"功能组

单击底纹设置图标 右侧的小箭头，在弹出的颜色选择框中选择标准色中的"深蓝色"，单击字体颜色设置图标 右侧的小箭头，在弹出的颜色选择框中选择主题颜色白色，如图 4-86 所示。然后单击图 4-87 所示的"单元格"功能组上的"格式"，在弹出的菜单中单击"行高"，此时将弹出行高设置对话框，修改数值为 24，单击"确定"按钮得到如图 4-88 所示界面。

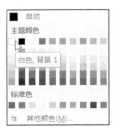

图 4-86 颜色选择框

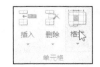

图 4-87 "单元格"功能组

	A3		fx	某品牌汽车去年上半年销售量统计表					

	序号	月份	北京	上海	广州	深圳	其他地区	合计
								(辆)
某品牌汽车去年上半年销售量统计表	1	1月	1128	1680	1800	1000	1100	6708
	2	2月	1200	1700	1769	950	1000	6619
	3	3月	1008	1695	1580	980	1080	6343
	4	4月	980	1780	1680	899	1065	6404
	5	5月	995	1800	1650	960	1150	6555
	6	6月	1016	1880	1660	990	1200	6746
	7	总计	6327	10535	10139	5779	6595	39375

图 4-88　标题格式设置结果

4. 设置数据格式

在图 4-88 中，使用与设置标题格式相同的方法，可以完成在 B 列左侧插入一列，并将文字"（辆）"移动至 B3 单元格中，然后选择单元格区域 B3:B10，单击功能组"对齐方式"右下方的对话框启动按钮，在弹出的"设置单元格格式"对话框中勾选"合并单元格"复选框，然后单击对话框右侧"方向"下方的文本设置框，使"文本"呈黑色底纹的选中状态，再选择"水平对齐"为"居中"，垂直对齐为"靠下（缩进）"，如图 4-89 所示。

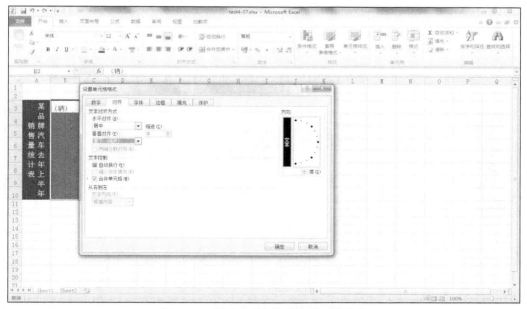

图 4-89　利用对话框设置单元格对齐方式

在图 4-89 所示对话框中单击"确定"按钮，然后通过单击"字体"功能组中的底纹选择按钮，选择底纹颜色为标准色中的"黄色"，将鼠标放在列号 B 与列号 C 的中线上，此时鼠标将会变成 ✛ 形状，按下鼠标左键，拖曳该线将 B 列宽度调整为 3，释放左键完成设置，如图 4-90 所示。

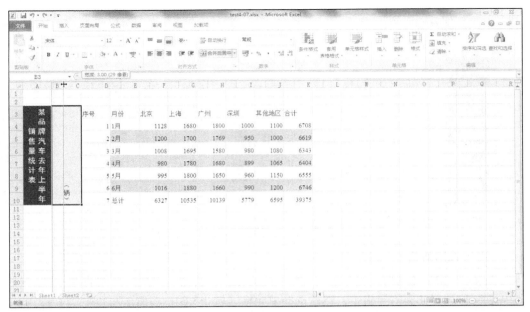

图 4-90　拖曳列分隔线调整列宽

在图 4-90 所示界面中，删除第 1、2 行后，选择单元格区域 E2:J8，单击"数字"功能组右下方的启动对话框按钮，在弹出的"设置单元格格式"对话框"数字"选项中选择"分类"为"数值"，勾选"使用千位分隔符"复选框，小数位数设为"0"，如图 4-91 所示。

图 4-91　设置数值格式

在图 4-91 所示对话框中，单击"对齐"选项卡，选择"水平对齐"为"靠右（缩进）"，"垂直对齐"为"居中"，单击"确定"按钮完成数字区域格式设置。图 4-92 所示为设置后的结果。

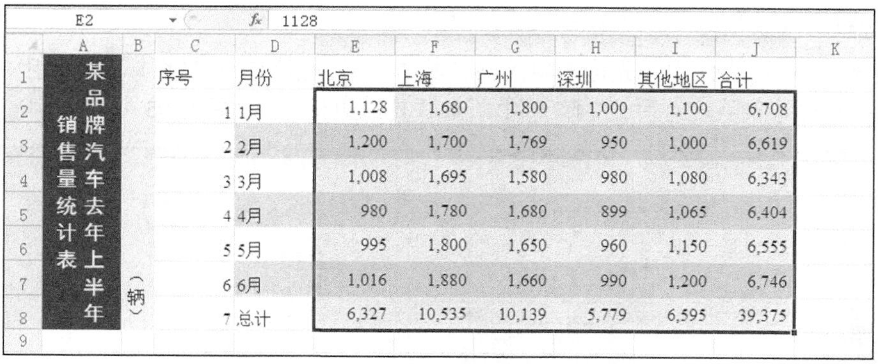

图 4-92　设置数字区域格式后

在图 4-92 所示界面中，选择单元格区域 C1:D8，然后在按住"Ctrl""键的同时，选择单元格区域 E1:J1，再单击功能区"对齐方式"组对应的水平对齐按钮 ≡ 和垂直对齐按钮 ≡，实现水平与垂直居中，如图 4-93 所示。

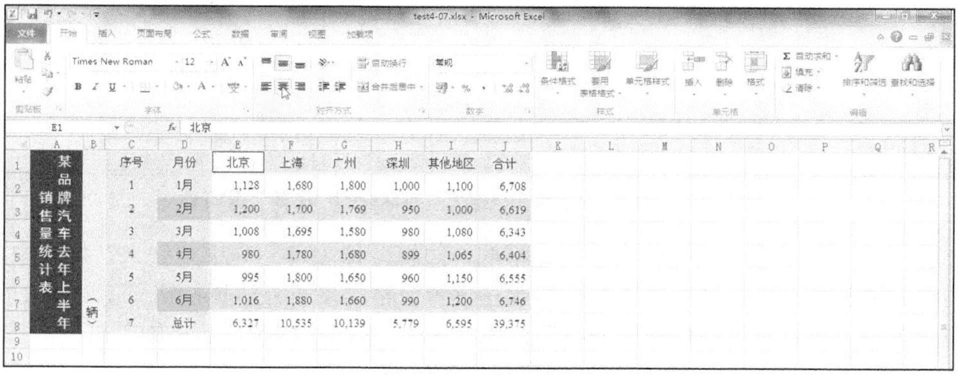

图 4-93　设置其他单元格垂直与水平居中

在图 4-93 所示界面中，选择 F7 单元格，然后分别单击"字体"组的底纹设置图标的右侧箭头和字体颜色设置图标箭头，在弹出的颜色选择框中分别选择标准色红色和主题颜色白色，如图 4-94 所示。

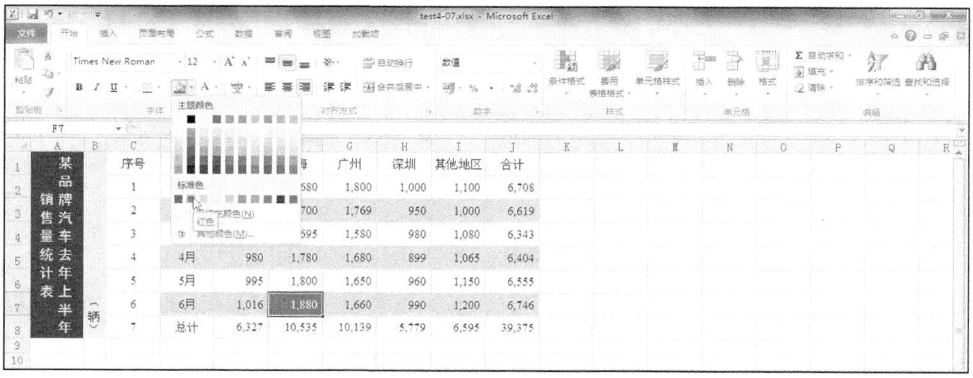

图 4-94　设置数字 1880 所在单元格红色底纹与白色字体

5．边框与底纹设置

在图 4-94 所示界面中，先选择单元格区域 C1:J8，然后单击"字体"功能组中的边框设置图标 ⊞ 右侧小箭头，在弹出的菜单中单击"其他边框"，如图 4-95 所示。

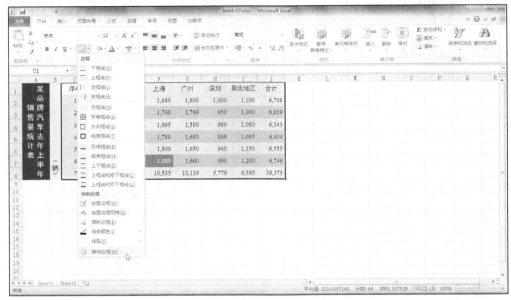

图 4-95　启动"设置单元格格式"对话框的"边框"选项卡

此时将弹出"设置单元格格式"对话框的"边框"选项卡，先在"线条"样式中单击选择粗实线（样式列表右侧倒数第二条），接着在预置窗格中单击外边框按钮 □，然后在"线条"样式中单击选择细单实线（样式列表左侧最后一条），紧接着在预置窗格中单击内部按钮 ⊞，如图 4-96 所示，最后单击"确定"按钮完成实线边框的设置。

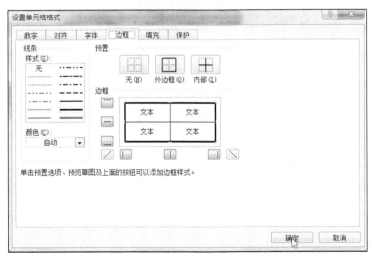

图 4-96　实线边框设置界面

设置完实线后，选择单元格区域（C2:J8），依据上一步骤调出"设置单元格格式"对话框，在"边框"选项卡的线条样式列表框中单击加粗双点划线（列表右侧第一条），然后单击按下对话框左侧"边框"栏中的中线按钮 ⊟，或直接在边框设置预览图中用鼠标单击中边框线，设置界面如图 4-97 所示，单击“确定”按钮完成设置。

test4-07.xlsx - Microsoft Excel
文件
开始
插入
页面布局
公式
数据
审阅
视图
加载项
Times New Roman
12
自动换行
常规
合并后居中
条件格式
套用表格格式
单元格样式
插入
删除
格式
自动求和
填充
清除
排序和筛选
查找和选择
C2
1
某品牌汽车去年上半年销售量统计表（辆）
序号
月份
北京
上海
广州
深圳
其他地区
合计
设置单元格格式
数字
对齐
字体
边框
填充
保护
线条
样式(S):
无
预置
无(N)
外边框(O)
内部(I)
边框
文本
颜色(C):
自动
单击预置选项、预览草图及上面的按钮可以添加边框样式。
确定
取消
Sheet1
Sheet2
就绪
平均值: 3214.857143
计数: 56
求和: 157528
100%

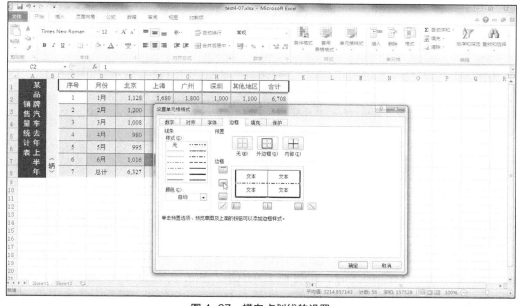

图 4-97 横向点划线的设置

底纹设置：选择单元格区域 C1:J1，在功能区“字体”组中单击底纹按钮 右侧小箭头，在弹出的颜色选择框中选择标准色中的绿色，完成表头底纹设置，同样可以设置单元格区域 C8:J8 的底纹颜色为标准色中的浅绿色，图 4-98 所示为设置后的效果。

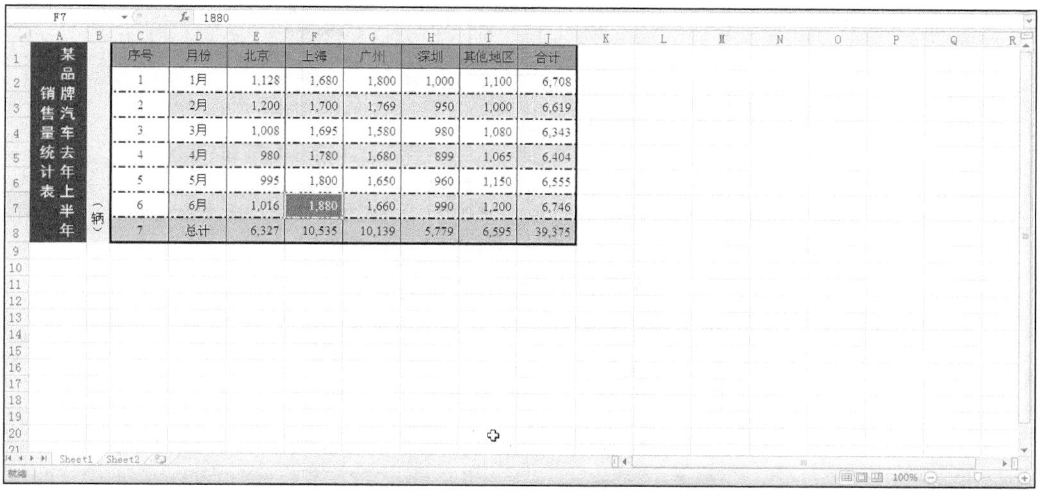

F7
1880
某品牌汽车去年上半年销售量统计表（辆）
序号 月份 北京 上海 广州 深圳 其他地区 合计
1 1月 1,128 1,680 1,800 1,000 1,100 6,708
2 2月 1,200 1,700 1,769 950 1,000 6,619
3 3月 1,008 1,695 1,580 980 1,080 6,343
4 4月 980 1,780 1,680 899 1,065 6,404
5 5月 995 1,800 1,650 960 1,150 6,555
6 6月 1,016 1,880 1,660 990 1,200 6,746
7 总计 6,327 10,535 10,139 5,779 6,595 39,375
Sheet1
Sheet2
就绪
100%

图 4-98 边框底纹设置后

6．页边距设置与冻结表头

单击功能选项卡“页面布局”，然后单击“页面设置”功能组的“页边距”|“自定义页边距”选项，如图 4-99 所示。

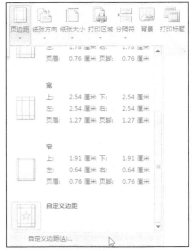

图 4-99　自定义页边距

在弹出的"页边距"设置对话框中一次设置"左"、"右"的值为"1.4"，再勾选"居中方式"的"水平"和"垂直"复选框，如图 4-100 所示。单击"页面/页脚"选项卡，在"页眉"下方的组合框中选择"第 1 页，共? 页"，如图 4-101 所示，单击"确定"按钮完成设置。

图 4-100　"单元格"功能组

图 4-101　标题格式设置结果

冻结表头：选择 C2 单元格，单击功能选项卡"视图"，在"窗口"功能组中单击"冻结窗口"|"冻结拆分窗格"选项，如图 4-102 所示。

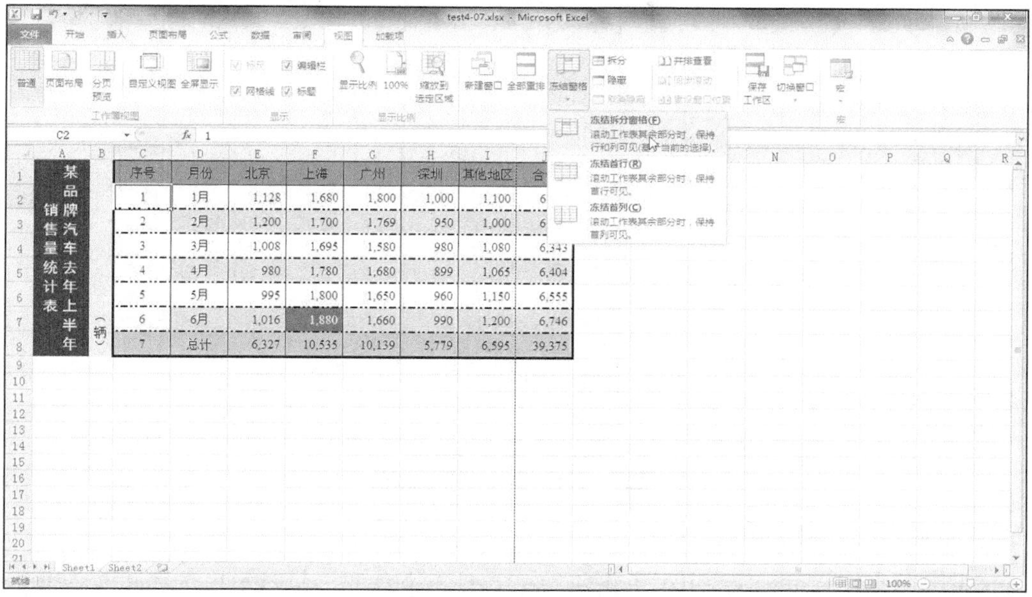

图 4-102 冻结表头

7．插入批注

右击 F7 单元格，在弹出的如图 4-103 所示的菜单中单击"插入批注"，在批注编辑框中录入"销售冠军"，如图 4-104 所示，完成后单击任意其他单元格或单击"保存"按钮完成设置，此时批注将会被隐藏，在有批注的单元格上单击鼠标右键，可以对批注进行"编辑"、"删除"、"显示/隐藏"等操作，如图 4-105 所示。

图 4-103 右键单击插入批注

图 4-104 输入批注内容

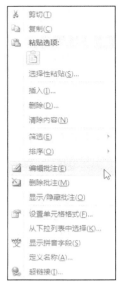

剪切(T)
复制(C)
粘贴选项:
选择性粘贴(S)...
插入(I)...
删除(D)...
清除内容(N)
筛选(E)
排序(O)
编辑批注(E)
删除批注(M)
显示/隐藏批注(O)
设置单元格格式(F)...
从下拉列表中选择(K)...
显示拼音字段(S)
定义名称(A)...
超链接(I)...

图 4-105　编辑或删除批注

8．重命名与复制工作表

右击工作表标签 sheet1，单击“重命名”选项，“Sheet1”将会呈白字黑底的选中状态，通过键盘输入“某品牌汽车去年上半年销售量统计表”，按下“Enter”键完成工作表的改名操作。

单击工作表“某品牌汽车去年上半年销售量统计表”的任意一个单元格，依次按下“Ctrl+A”组合键和“Ctrl+C”组合键实现复制整个工作表。

单击工作表标签“Sheet2”，然后单击 A1 单元格，按下“Ctrl+V”组合键实现工作表的粘贴，图 4-106 所示为重命名和粘贴工作表后的结果。

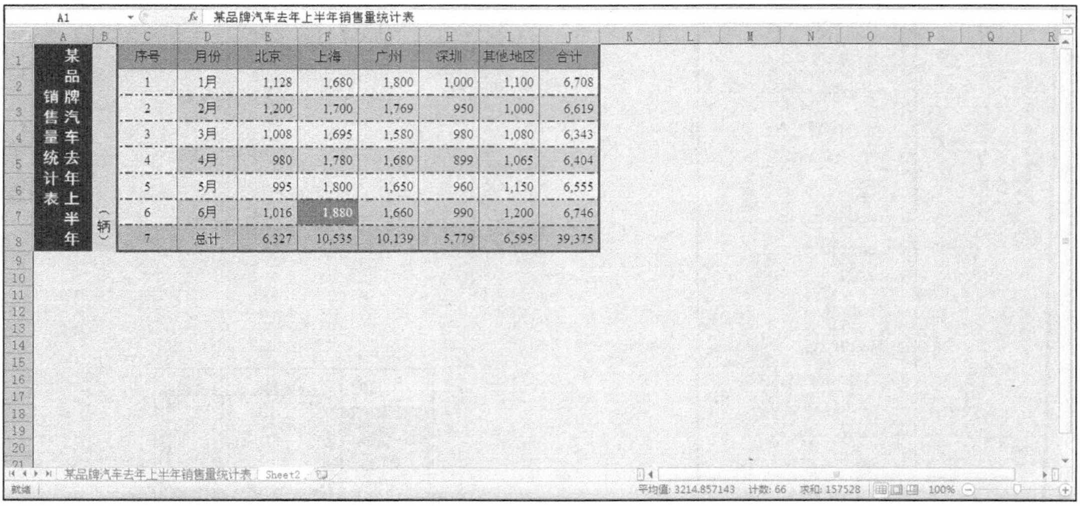

序号	月份	北京	上海	广州	深圳	其他地区	合计
1	1月	1,128	1,680	1,800	1,000	1,100	6,708
2	2月	1,200	1,700	1,769	950	1,000	6,619
3	3月	1,008	1,695	1,580	980	1,080	6,343
4	4月	980	1,780	1,680	899	1,065	6,404
5	5月	995	1,800	1,650	960	1,150	6,555
6	6月	1,016	1,880	1,660	990	1,200	6,746
7	总计	6,327	10,535	10,139	5,779	6,595	39,375

A1
某品牌汽车去年上半年销售量统计表
某品牌汽车去年上半年销售量统计表
（辆）
某品牌汽车去年上半年销售量统计表
Sheet2
就绪
平均值: 3214.857143　计数: 66　求和: 157528
100%

图 4-106　重命名和粘贴工作表

9．打印设置

在工作表 Sheet2 中，单击功能选项卡"页面布局"|"打印标题"，在弹出的"页面设置"对话框的"工作表"选项卡中"左端标题列"对应的右侧文本框中输入"$A:$D"，如图 4–107 所示，单击确定完成设置 A 列至 D 列为打印标题。

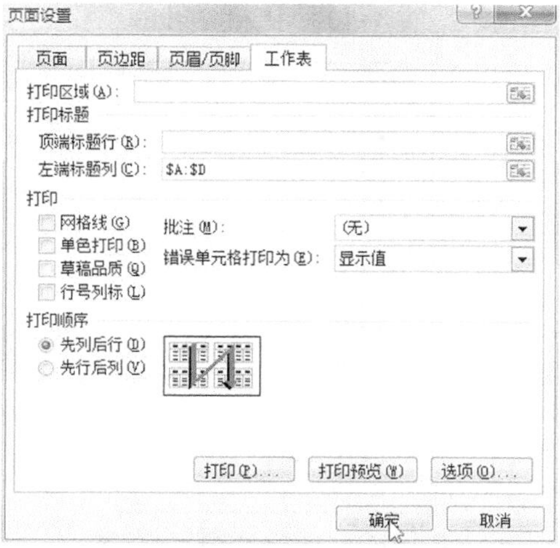

图 4–107　重命名和粘贴工作表

单击列号"H"，然后在功能选项卡"页面布局"中单击"分隔符"|"插入分页符"选项，将会在"深圳"列之前插入一根分页线，如图 4–108 所示。

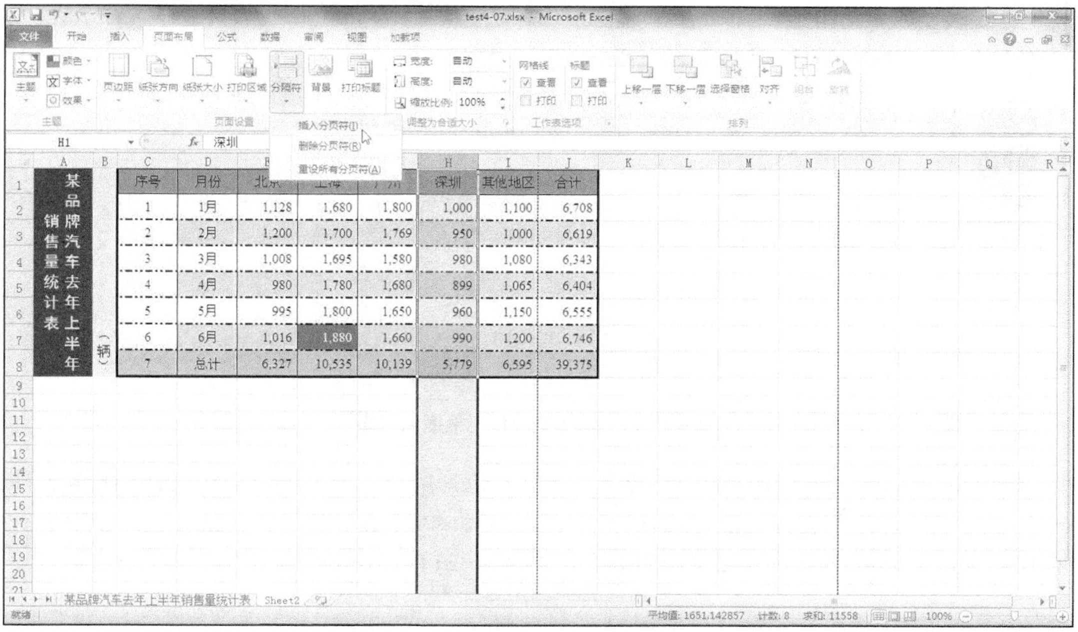

图 4–108　插入分页线

10．建立与格式化图表

在工作表"Sheet2"中选择任意一个空白单元格，单击功能选项卡"插入"|"饼图"|"分离型三维饼图"，如图 4–109 和图 4–110 所示，此时功能区将增加"图表工具"页，该页

包含"设计"、"布局"和"格式"选项卡，图 4-111 所示为插入图表后的界面。

图 4-109　插入饼图按钮

图 4-110　插入分离型三维饼图

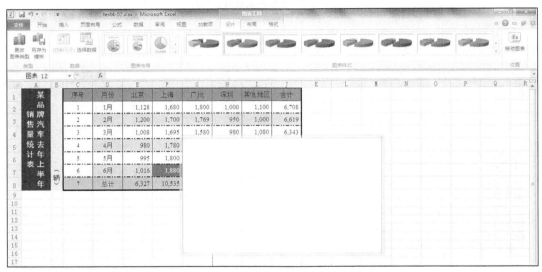

图 4-111　选中空白单元格插入饼图

　　在图 4-111 所示界面中单击"数据"组中的"选择数据"，如图 4-112 所示，在弹出的图 4-113 所示的"选择数据源"对话框中单击"图表数据区域"选择框右侧按钮，然后选择 Sheet2 表中的"总计"行所在单元格区域 D8:I8，回到图 4-114 所示界面。

图 4-112　选择数据

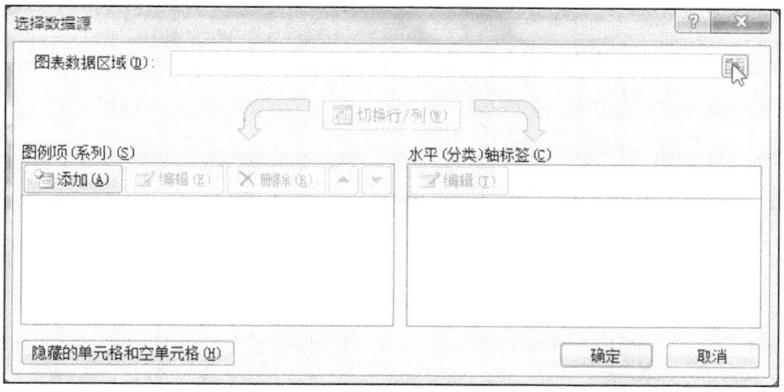

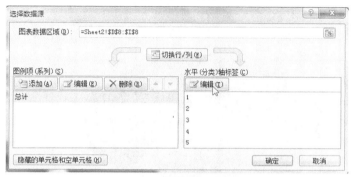

图 4-113 "选择数据源"对话框

图 4-114 选择数据区域 D8:I8

在图 4-114 对话框中单击"水平（分类）轴标签"下方的"编辑"按钮，在弹出的对话框中选中单元格区域 E1:I1，如图 4-115 所示。在图 4-115 所示对话框中单击"确定"按钮，回到图 4-116 所示的"选择数据源"对话框，此时单击"确定"按钮得到图 4-117 所示图表。

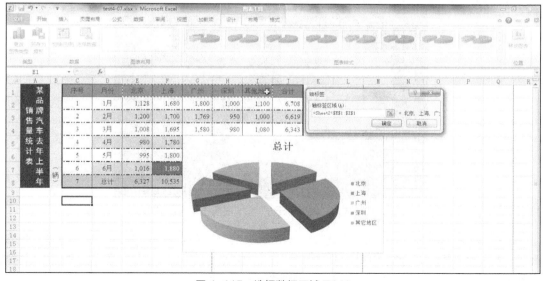

图 4-115 选择数据区域 E1:I1

图 4-116　选择完数据源后的对话框界面

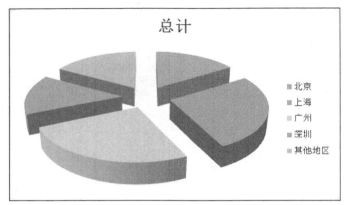

图 4-117　选择完数据源后的图表

　　完成数据源的选择后，单击"图表布局"组中的"图表布局 3"和"图表样式"组中的"图表样式 48"，得到图 4-118 所示的图表界面。

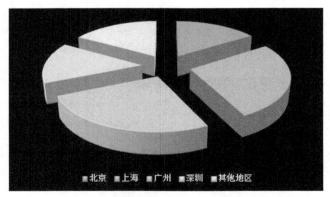

图 4-118　应用"图表布局 3"和"图表样式 48"后效果

　　单击"图表工具"页的"布局"选项卡，再单击"图表标题"——"图表上方"，如图 4-119 所示，此时会在图表的上方出现标题"总计"，通过右击该标题的"编辑文字"命令可以将标题修改为"去年上半年销售量统计表"，得到图 4-120 所示图表。

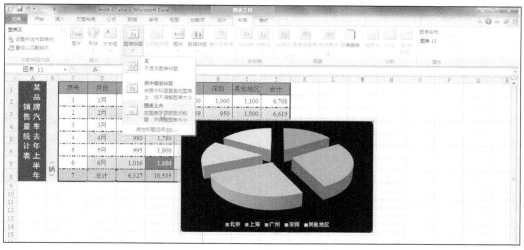

图 4-119　在图表上方添加标题文本框

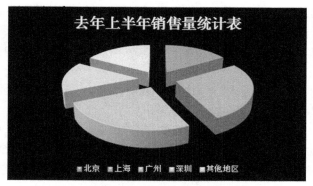

图 4-120　修改标题为"去年上半年销售量统计表"

在选中图表的情况下，单击"图表工具"的"布局"选项卡的"数据标签"|"数据标签外"，如图 4-121 和图 4-122 所示，得到图 4-67 实训 4.3 样文所示的图表。

图 4-121　"数据标签"按钮

图 4-122　设置图表"数据标签外"

完成编辑后单击菜单"文件"|"另存为"命令，将该工作簿文件另存为考生文件夹下的 dj4-07.xlsx。

复习题

1. 打开 X:\素材文件工作目录\第 4 单元\test4-01.xlsx，参照样文按要求完成工作表编辑，以 dj4-01.xlsx 为名保存到考生文件夹，具体要求如下。

（1）使用 Sheet1 工作表中的数据，将"开发部"各行移至"测试部"各行之前；在工作表最左侧插入一列，在表格的表头单元格输入"序号"，并在此列其他单元格输入如样文所示的顺序数字；删除"员工编号"为"K05"的一行；将"序号"一列中的数字重新按顺序排列。

（2）标题格式：20 号隶书，在 A1:G1 单元格区域合并居中，行高为 30。

（3）表头格式：楷体，加粗，黄色底纹，字体颜色红色；表格中各单元格水平垂直居中对齐；"市场部"各行单元格为橙色底纹。

（4）设置表格边框线；设置页面，页边距左边为 2.4，水平垂直居中；设置页眉格式为"第1 页，共? 页"；冻结表头。

（5）为"员工编号"一列中"K01"单元格插入批注"优秀员工"。

（6）将 Sheet1 工作表重命名为"职员表"，并将此工作表复制到 Sheet2 工作表中。

（7）在 Sheet2 工作表的行号为 11 的一行前插入分页符；设置标题行到表头行为打印标题。

（8）使用相关数据、图表布局 3 和图表样式 37，在 Sheet2 工作表中创建一个三维簇状柱形图。

2. 打开 X:\素材文件工作目录\第 4 单元\test4-03.xlsx，参照样文按要求完成工作表编辑，以 dj4-03.xlsx 为名保存到考生文件夹，具体要求如下。

（1）使用 Sheet1 工作表中的数据，将标题文字移到 A2 单元格，设置 A 列列宽为 6；将"合计"一行移至"WD3257C"一行之前，设置第 2~7 行的行高为 24；删除工作表中的第 1 行。

（2）标题格式：14 号隶书，加粗，在 A1:A6 单元格合并居中，文字竖排，黄色底纹，深蓝色字体颜色。

（3）表格中的各数据单元格区域采用货币样式，2 位小数位数，货币符号为￥，"合计"一行为浅绿色底纹；表头和第 2 列各单元格水平垂直居中对齐，绿色底纹。

（4）设置表格边框线；设置页面，页边距上边为 3，水平垂直居中；设置页眉格式为"第1 页，共? 页"；冻结表头。

（5）为"￥515,500.00"单元格插入批注"季销售额最高"。

（6）将 Sheet1 工作表重命名为"销售额"，并将此工作表复制到 Sheet2 工作表中。

（7）在 Sheet2 工作表 F 列左侧插入分页符；设置 A 列与 B 列为打印标题。

（8）使用第一至第四季度各种商品销售额的数据、图表布局 1 和图表样式 34，在 Sheet2 工作表中创建一个三维簇状柱形图。

3. 打开 X:\素材文件工作目录\第 4 单元\test4-06.xlsx，参照样文按要求完成工作表编辑，以 dj4-06.xlsx 文件名另存入考生文件夹中，具体要求如下。

（1）使用 Sheet1 工作表中的数据，将"合计"列与"ROUTER"列对调；在标题行下面插入一空行并添加相应文字；删除表格中的空行和空列。

（2）标题格式：A1:F1 区域合并居中，字体为 16 号隶书，行高为 30；表头字体为加粗楷体，黄色底纹，字体颜色为红色。

（3）表格中所有数据单元格为右对齐，表头和其余各列水平垂直居中；"合计"列单元格区域（不包含"合计"单元格）底纹为浅绿色。

（4）设置表格边框线；设置页面，页边距上下为 3，水平垂直居中；设置页脚格式为"第 1 页，共? 页"；冻结表头和首列。

（5）为"合计"单元格添加批注"服务器销售情况单独统计"。

（6）将 Sheet1 工作表重命名为"部分网络产品销售统计表"，并将此工作表复制到 Sheet2 工作表中。

（7）在 Sheet2 中，设置标题行到表头行为打印标题，并使其在 5 月所在行前分页。

（8）使用"合计"列数据、图表布局 7 和图表样式 26，在 Sheet2 工作表中创建一个分离型圆环图。

PART 5

任务 5
Excel 2010 数据处理

任务目标

- 公式（函数）的应用
- 数据排序
- 数据筛选
- 数据合并计算
- 数据分类汇总

Excel 采用表格方式管理数据，所有的数据、信息都以二维表格形式（工作表）管理，单元格中数据间的相互关系一目了然，从而使数据的处理和管理更直观、更方便、更易于理解。

Excel 的强大功能在于对数据进行统计分析和处理，辅助决策操作。它能按用户的要求将记录的数据进行运算、排序、筛选、分类、汇总，将多个表格记录合并等，帮助用户快速高效地建立、编辑、编排和管理各种表格。

区域、公式、函数和数据分析工具是 Excel 应用中必须掌握的 4 项技术。

Excel 应用中必须掌握的 4 项技术中的"区域"，主要是指上一任务中所提到的单元格区域。公式、函数所使用的单元格引用，数据分析工具中的数据源的选择，数据运算、统计分析结果存放都离不开区域。区域的使用在公式、函数和数据分析工具等 Excel 应用中体会，本任务中不再独立讲解。

实训 5.1　熟悉 Excel 数据处理

公式、函数和数据分析工具等三项技术都是属于 Excel 的数据处理的应用。

5.1.1　Excel 数据处理的主要功能与特点

Excel 数据处理的主要功能是用于以下 6 类，限于篇幅，本书不对数据透视表进行详细介绍。

（1）用公式（函数）对数据进行运算。

（2）数据排序。

（3）数据筛选——从众多数据中筛选出用户所需的数据。

（4）数据合并计算——将一个或多个表格的记录进行运算统计从而合并成一个表格。

（5）数据分类汇总——将一个表格中的数据进行分门别类、统计汇总。

（6）数据透视表——能快速形成能够进行交互的报表，可以分类汇总、从不同的角度去比较大量的数据。

Excel 数据处理主要具有以下 4 个特点。

（1）区域引用：公式、函数和数据分析工具在对数据的运算中常常要引用数据区域。

（2）高效性：类同的运算可以复制公式、函数，无需重复编写。当引用区域中的数据改变时无需更改公式、函数和数据分析工具，减少重复劳动，提高工作效率。

（3）操作简单快捷：数据分析工具的命令都可在"数据"菜单下找到。

（4）强大的提示帮助功能：能帮助用户快速掌握使用方法。

5.1.2　Excel 数据处理的基本概念

在具体讲解 Excel 数据处理之前，首先说明"数据清单"这个概念。

"数据清单"是在工作表中方方正正的一个表格，在表格首行有列标记（即表头，相当于数据库中的字段名），在列标记以下各行依次输入数据（相当于数据库中的一条条记录）。其基本结构如图 5-1 所示。Excel 数据处理中的数据排序、数据筛选、合并计算、分类汇总等数据分析工具操作的对象都是"数据清单"。

图 5-1 中所选择区域 A2:C14 为"数据清单"，表头"月份"、"地区"、"销售量"为列标记。

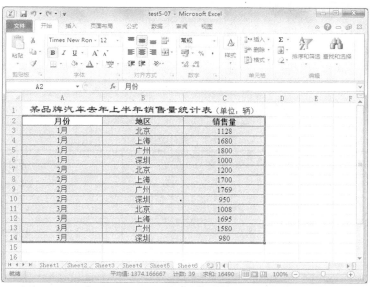

图 5-1　数据清单

下面分别介绍 Excel 数据处理的公式、函数、数据排序、数据筛选、合并计算、分类汇总等基本概念。

1．公式和函数

使用公式可以对 Excel 工作表中的数据进行数学、文本、逻辑运算，或查找工作表的信息。公式是函数的基础，它由单元格中的值、单元格引用、名称或运算符组成，可生成新的值；函数是 Excel 预定义的公式，与直接使用公式相比，使用函数可更快地运算，以减少错误的发生。

如图 5-2 所示，F3 单元格中显示的是输入公式后所生成的新值，编辑栏中显示的是在 F3 单元格中所输入的公式，公式中的 G3、B3、C3 等就是单元格的引用，它代表着该单元格的数据。单元格的引用又分为相对引用、绝对引用与混合引用。

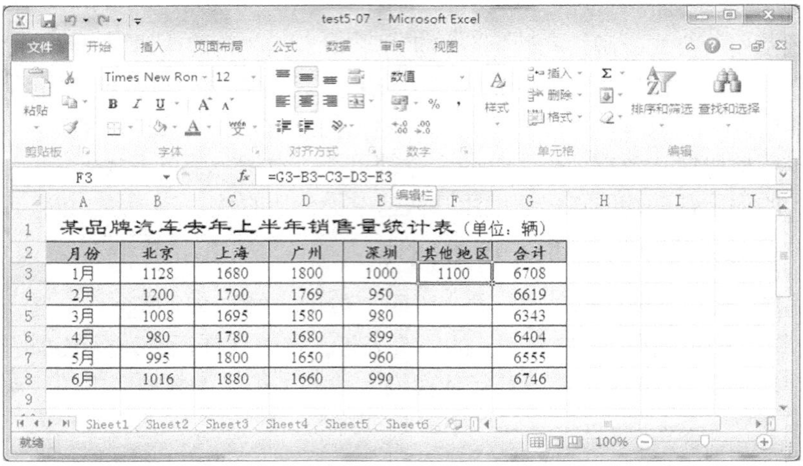

图 5-2　公式及生成值

2．公式的运算符与运算顺序

运算符用于对公式中的元素进行特定类型的运算，Excel 的运算符包含有：算术运算符、比较运算符、文本运算符和引用运算符。各种运算符的优先等级从高到低排列如下：

区域运算符、联合运算符、百分比、乘方、乘法和除法、加法和减法、文本运算符、比较运算符。

算术运算符用于完成基本的数学运算，它们的含义及示例如表 5-1 所示。

表 5-1　算术运算符

算术运算符	含义	示例
＋（加号）	加	4+2=6
—（减号）	减	4-2=2
*（乘号）	乘	4*2=8
/（斜杠）	除	4/2=2
%（百分比）	百分比	40%
^（脱字号）	乘方	4^2=16

比较运算符用来比较两个数值的大小关系，它们的含义及示例如表 5-2 所示。

表 5-2　比较运算符

比较运算符	含义	示例
=（等于号）	相等	A1=6
<（小于号）	小于	A1<7
>（大于号）	大于	A1>5
>=（大于等于号）	大于等于	A1>=6
<>（不等号）	不相等	A1=4
<=（小于等于）	小于等于	A1<=8

文本运算用于将多个文本连接组合成文本，Excel 的文本运算符是"&"。如"姓"&"名"的结果为"姓名"。

引用运算符用于将单元格区域合并计算，如表 5-3 所示。

表 5-3　引用运算符

引用运算符	含义	示例
:（冒号）	区域运算符，对两个单元格之间包括两个单元格在内的矩形区域所有单元格进行引用	SUM（A1：C3）
,（逗号）	联合运算符，表示将多个引用合并为一个引用	SUM（A1：A3，C1：C3）

3．数据排序

在工作中，我们常常需要按一定的规则，对数据清单中的数据进行整理、排列，以便对数据做进一步处理。我们通常将要作为排序依据的字段称为关键字，即表格首行的列标记。

数据排序常规的分为简单排序与多重排序。

（1）简单排序：在数据清单中以一个关键字为依据的排序。

（2）多重排序：在数据清单中以多个关键字为依据的排序。

4．数据筛选

数据筛选就是把数据清单中符合某些条件的数据找出来，使经过筛选操作后的数据清单只显示出包含某一个值或符合一组条件的行，而隐藏其他行。

数据筛选又分为自动筛选和高级筛选。

5．合并计算

建立合并计算表，可以把来自一个或多个源区域的数据汇总。通俗地讲，就是把多个格式一致的报表汇总起来。这些源区域与合并计算表可以在同一工作表中，也可以在同一工作簿的不同工作表中，还可以在不同的工作簿中。

6．分类汇总

分类汇总是对数据清单中的数据进行分类统计。分类汇总可以进行分类求和、求平均值、求最大值、求最小值等。特别要注意的是，在分类汇总之前要对所需分类数据进行排序，以什么字段为分类字段就要以什么字段为关键字进行排序。

5.1.3　Excel 数据处理的基本操作

下面介绍 Excel 数据处理的一些基本操作，主要包括以下 6 个方面。

（1）公式的输入和编辑。

（2）函数的使用。

（3）数据排序的两种方法。

（4）数据筛选的两种方法。

（5）合并计算。

（6）分类汇总。

1．公式的输入和编辑

所有的 Excel 公式都具有相同的基本结构：一个"＝"后面跟着一个或多个运算码，它可以是值、单元格引用、区域、区域名称或者是函数名，其间以一个或多个运算符连接。

输入公式的过程很简单，具体要求如下。

（1）选中想要输入公式的单元格。

（2）输入一个"＝"，告诉 Excel 此时正在输入一个公式。

（3）输入该公式的运算码和运算符。

（4）按回车键确认输入的公式。

但 Excel 有 3 种不同的输入模式，这些模式决定了 Excel 对一些键盘操作及鼠标操作如何进行解释。

（1）输入模式，这也是人们在输入文本（公式的运算码和运算符）的时候使用的模式。输入等号作为公式开始时，Excel 进入输入模式。

（2）点取模式，在这个模式中人们可以选择单元格或者区域作为公式的运算码。

（3）编辑模式，也就是人们可以更改公式的模式。在编辑模式中，用户可以使用向左、向右箭头键让光标在公式中移动，以便删除或插入字符。在公式中的任何位置单击可以进入编辑模式。按一次"F2"键可以返回输入模式，再按"F2"键，Excel 又会进入编辑模式。

如图 5-3 所示的统计表格中，要在 F3 单元格中用公式计算出 1 月份其他地区销售量。

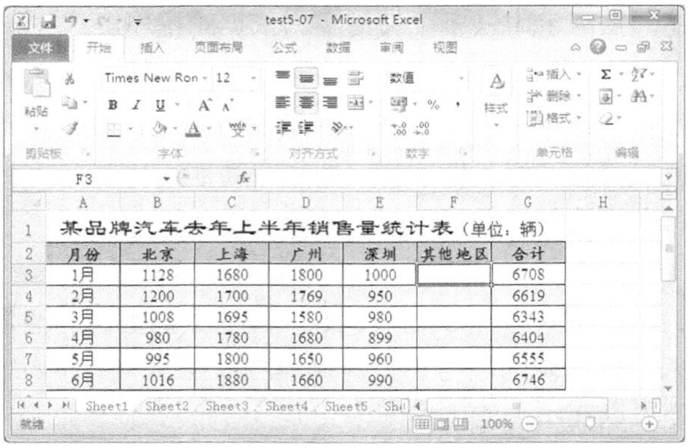

图 5-3　统计表格

操作如下。

（1）选中单元格 F3，输入等号"＝"，这时在左下角的状态栏中会显示"输入"二字，进入输入模式。

（2）单击 G3 单元格，其周围出现闪动的边框，此时状态栏中显示为"点"字，进入点取模式。同时公式中也会显示 G3 单元格的引用，如图 5-4 所示。

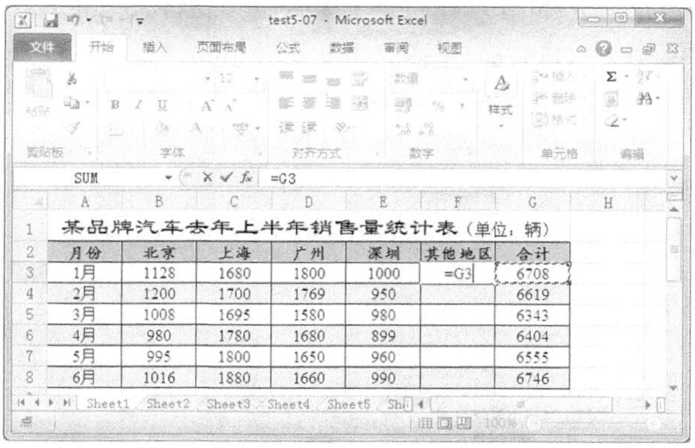

图 5-4　点取输入

（3）输入减号"−"后，状态栏中又变为"输入"二字，然后单击 B3 单元格，公式中也会显示 B3 单元格的引用。

（4）重复上两步的方法直到输入完整的公式"=G3−B3−C3−D3−E3"，按"Enter"键确认，在 F3 单元格就会显示出输入公式后所生成的值。

2．函数的使用

函数是一些已经定义好的公式，种类可分为财务函数、日期与时间函数、数学与三角函数、统计函数、查找与引用函数、数据库函数、文本函数、逻辑函数、信息函数等。用户使用函数对单元格区域进行计算，可以提高工作效率。常用函数有以下 5 个。

（1）求和函数。

（2）平均值函数。

（3）计数函数。

（4）最大值函数。

（5）最小值函数。

求和函数是其中最常用的计算公式，Excel 提供了自动求和的方法。对于其他常用函数Excel 也提供近似操作。下面就以图 5-5 所示职员登记表求"工资总计"、"平均工资"为例介绍求和与平均值函数的基本操作。

图 5-5　职员登记表

（1）自动求和

选中存放求和值的单元格（I5），单击"开始"功能页下的功能区中的"自动求和"工具按钮 **Σ**，Excel 会自动对单元格的上方或左侧的数据进行求和，如图 5-6 自动求和所示。其中黑色底纹里所示的引用区域"G5:H5"是函数将要求和的区域，并且会对所选中的求和单元格（G5:H5）用虚线框起来。如果所选区域已是我们需要的，直接按"Enter"键确认就行了。

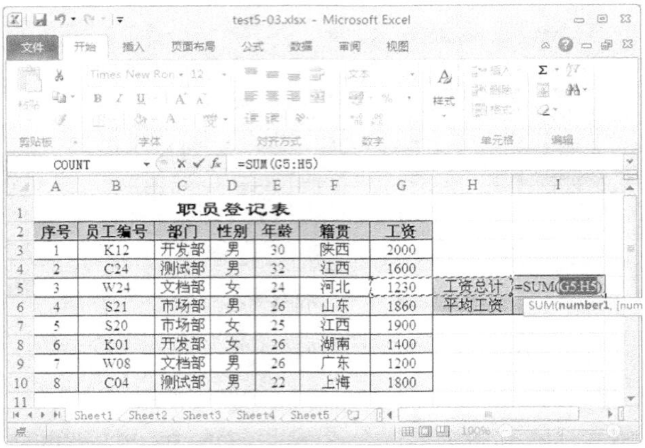

图 5-6 自动求和

如果所选区域不是我们需要的，这时直接用鼠标去选择就行了。现在所选区域不合要求，重新选择 G3:G10 区域后按"Enter"键确认。如图 5-7 重新选择计算区域所示。

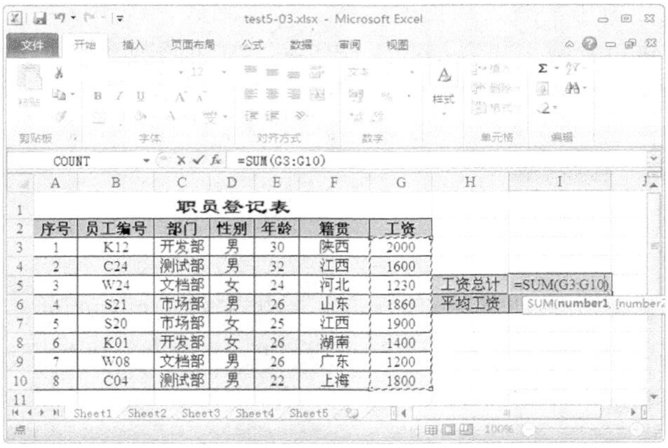

图 5-7 重新选择计算区域

（2）求平均值

"自动求和"的功能包含了部分常用函数的下拉菜单，在下拉菜单中的"其他函数…"还能找到更多的函数。

选中存放平均分的单元格（I7），单击"开始"功能页下的功能区中的"自动求和"工具按钮 **Σ** 右侧的下拉菜单，如图 5-8 所示。选中"平均值"命令，Excel 会自动对单元格的上方或左侧的数据进行求平均值。在确认前请注意函数中引用区域。这时函数自动选中的引用区域（函数的黑色底纹部分）不正确，我们把引用区域改成正确的"G3:G10"（不包括引号；更改引用区域可用键盘直接输入或用鼠标选取相应的单元格），然后按"Enter"键确认。

图 5-8　常用函数的下拉菜单

3. 数据排序的两种方法

数据排序主要有两种方法：简单排序和多重排序。

（1）简单排序，指在数据清单中以一个关键字为依据的排序。

最简单的排序操作是使用"数据"功能页下的功能区中的"升序" ↓ 和"降序" ↓ 两个命令按钮。当然也可以通过使用"数据"功能页下的功能区中"排序"按钮，打开排序对话框的方法来排序。

如图 5-9 所示数据清单，要求以"部门"为主要关键字，升序排序，方法如下。

选定数据清单中排序关键字所在列的任一单元格，即选定 C2:C10 单元格区域中的任一单元格。然后单击"升序" ↓ 命令按钮，任务完成。

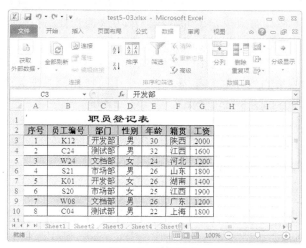

图 5-9　简单排序

（2）多重排序，指数据清单中以多个关键字为依据的排序。在多重排序中，主要的排序关键字称主要关键字。当主要关键字中有完全相同的项时，可指定次要关键字排序，同理可指定第三关键字排序。

还是用图 5-9 所示数据清单，要求以"部门"为主要关键字，"年龄"为次要关键字，递增排序，操作方法如下。

① 选定数据清单中的任一单元格，然后单击"数据"功能页下的功能区中"排序"按钮。Excel 将自动选中整个数据清单并弹出"排序"对话框，如图 5-10 所示。

② 在"主要关键字"右边的下拉列表框中选定要排序的主要关键字，再选择"升序"或"降序"选项按钮。用相同的方法指定次要关键字排序，回车确定即可。添加次要关键字，只要单击"排序"对话框的"添加条件"即可。

图 5-10　"排序"对话框

4．数据筛选的两种方法

Excel 提供有两条用于筛选的命令：自动筛选和高级筛选。

一般情况下"自动筛选"命令可以满足大部分需要，当筛选条件复杂时就可以考虑使用"高级筛选"命令。下面分别介绍"自动筛选"和"高级筛选"的使用方法。

（1）自动筛选

自动筛选用于简单条件，通常是在一个数据清单的一个列中，查找相同的值。利用"自动筛选"功能，用户可在具有大量记录的数据清单中快速查找出符合条件的记录。下面以图 5-9 所示简单排序中的数据清单为例介绍一些具体操作。

选定数据清单中的任意一个单元格，然后单击"数据"功能页下的功能区中"筛选"按钮，可以看到数据清单的列标题旁都插入了一个下拉按钮，单击某个字段名的下拉按钮，将会打开一个下拉列表，如图 5-11 所示。

图 5-11　自动筛选及下拉列表

在下拉列表框中，可选择要查找的值，或选择"数字筛选"|"自定义筛选"命令，在"自定义自动筛选方式"对话框输入条件。如图 5-12 所示就是利用"自定义"条件查找"工资"大于 1 600 元的记录。

图 5-12　自定义自动筛选方式

如需要清除本次筛选，可在下拉列表框中勾选"全选"复选框。如要清除数据清单的所有筛选，可再次单击"数据"功能页下的功能区中"筛选"按钮来实现。

（2）高级筛选

使用 Excel 2010 的"高级筛选"功能，可以在筛选时指定更复杂的条件，同时也可以将筛选结果复制到工作表的另一位置。高级筛选和筛选条件要在工作表中选取，条件可以是多个，如工作表中还没有符合需求的条件区域，就还要构造条件区域。

构造条件区域的方法：在用作条件区域的第一行输入用作筛选条件的字段名，该字段名必须与数据清单的列标题相同（因此，作筛选条件的字段名最好是从数据清单中复制）。条件区域的其他各行用来输入筛选条件，条件是一关系表达式，若此表达式是"="的关系可不用输入"="。在同一行的各条件之间是"与"（即并且）的关系，在不同行的条件是"或"的关系。下面举例说明。

仍是上一例子的表格数据，现要筛选出"开发部"和"文档部"的男员工记录。操作如下。

经分析条件要求，"开发部"和"文档部"是或的关系，并且条件是"男"。所以先在数据清单以外的地方构造要筛选的条件区域。如图 5-13 构造条件区域所示，I2:J4 就是所构造的条件区域。

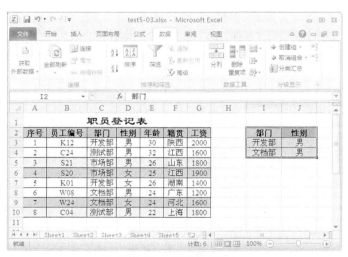

图 5-13　构造条件区域

然后单击要筛选的数据清单中的任一单元格，单击"数据"功能页下的"排序和筛选"功能区中的"高级"按钮，打开"高级筛选"对话框，如图 5-14 所示。

图 5-14 "高级筛选"对话框

在"方式"选项组中，若选择"在原有区域显示筛选结果"单选按钮，则在原有区域显示筛选结果，"复制到"文本框呈灰色，不可用。在本例中选择"将筛选结果复制到其他位置"单选按钮，然后单击"复制到"文本框，再用鼠标选择要将筛选结果复制到的数据区域的左上角单元格。筛选结果将显示在指定的区域，与原工作文件并存。

其他各选项含义如下。

列表区域：指定要筛选的数据区域，可以直接在该编辑框中输入区域引用，也可以用鼠标在工作表中选定数据区域。

条件区域：指定含有筛选条件的区域，如果要筛选不重复的记录，则勾选"选择不重复的记录"复选框。

各项按需选择后单击"确定"按钮即可。

5．合并计算

合并计算，把来自一个或多个源区域的数据汇总。这些源区域与合并计算表可以在同一工作表中，也可以在同一工作簿的不同工作表中，还可以在不同的工作簿中。

Excel 提供多种合并计算的方式，本书主要介绍按分类进行合并计算。按分类进行合并计算：如果要汇总计算一组具有相同的行和列标志但以不同的方式组织数据的表格，则可按分类进行合并计算。这种方式会对每一张表格中具有相同标志的数据进行合并计算。

如图 5-15 所示，求一、二月份部门工资合计。

合并计算时，如果还没有建立存放数据的合并计算表，一般应先建立。从图 5-15 中可以看到有两个数据源区域需要合并计算，且已建立了合并计算表"分析表"，其具体操作如下。

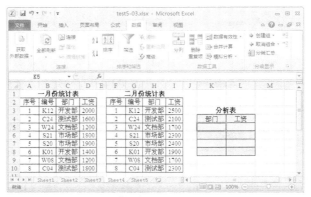

图 5-15 求一、二月份部门工资合计

首先选定合并计算表区域的左上角单元格 K5（在后续选择数据源区域时，如把首行标题也选中，选定合并计算表区域也要包含首行标题）。

然后单击"数据"功能页下的"数据工具"功能区中"合并计算"按钮，打开"合并计算"对话框，在"函数"下拉列表框中选择"求和"选项，如图 5-16 所示。

接着添加数据源的引用。单击"引用位置"下方文本框右端的 ▦ 按钮，使对话框会折叠起来，接下来便可以选取第一个数据源区域 C3:D10。再单击 ▦ 按钮展开对话框，"引用位置"下方文本框将显示"$C$3:$D$10"，然后单击"添加"按钮，把第一个数据源区域 C3:D10 添加到"所有引用位置"区域中，如图 5-17 所示。

图 5-16　合并计算的"函数"选项　　　图 5-17　添加数据源的引用

用同样的方法把第二个数据源区域 H3:I10 添加到"所有引用位置"区域中，并在"标签位置"选项区中勾选"最左列"复选框（由于选择数据源时没选首行，所以这里没有选"首行"）后，按"确定"按钮完成任务。完成后效果如图 5-18 所示。

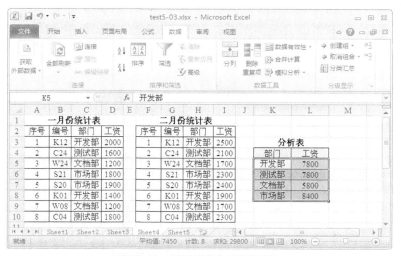

图 5-18　部门工资合并计算结果

6．分类汇总

在工作中常常需要对数据进行分类统计，对此，Excel 提供了一个很好用的功能——分类汇总。分类汇总主要有以下 3 个基本操作：分类汇总、分级显示汇总结果和删除分类汇总。

下面以图 5-19 所示的表格数据为例介绍分类汇总的 3 个基本操作。

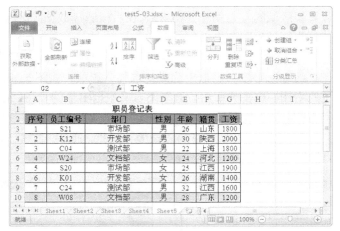

图 5-19　分类汇总数据

将图 5-19 所示的表格数据按"部门"分类，将"工资"进行"最大值"分类汇总。

（1）分类汇总

在分类汇总之前要对所需分类数据进行排序，以什么字段为分类字段就要以什么字段为关键字进行排序，其具体操作如下。

首先以分类字段进行排序。选择数据清单中"部门"一列的任一单元格，单击"数据"功能页下的功能区中的"升序" ↓↑ 按钮，使数据以"部门"为关键字进行排序。

再单击"数据"功能页下的"分级显示"功能区中的"分类汇总"命令，打开"分类汇总"对话框，如图 5-20 所示。

在"分类字段"列表框中选择"部门"，在"汇总方式"列表框中选择"最大值"，在"选定汇总项"中选择"工资"。单击"确定"按钮，完成分类汇总，汇总结果如图 5-21 所示。

图 5-20　"分类汇总"对话框　　　　　图 5-21　分类汇总结果

（2）分级显示汇总结果

在对数据分类汇总之后，在工作表左边可以看到分组显示控制按钮 [1|2|3] 和 [-] 或 [+]。单击 [1|2|3] 其中的各个按钮可显示一、二、三级汇总，如图 5-21~图 5-23 所示；单击 [-] 可折叠明细项；单击 [+] 可展开下级明细项。

图 5-22　一级汇总

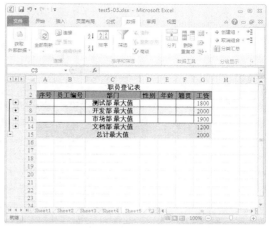

图 5-23　二级汇总

（3）删除分类汇总

要将前任务中的分类汇总删除，使其回到未分类汇总前的显示状态，可选择分类汇总数据所在的区域，然后单击"数据"功能页下的"分级显示"功能区中的"分类汇总"命令，打开"分类汇总"对话框，如图 5-20 所示。单击"全部删除"按钮，完成删除分类汇总操作。

实训 5.2　利用公式或函数计算

5.2.1　实训内容

（1）在素材文件工作目录中 test5-07.xlsx 文件的 Sheet1 表，显示如图 5-24 所示的"某品牌汽车去年上半年销售量统计表"，将 F3：G8 单元格数字格式设置为数值类型，小数位数为 0；利用公式计算出"其他地区"的销售量，结果分别放在相应的单元格中。

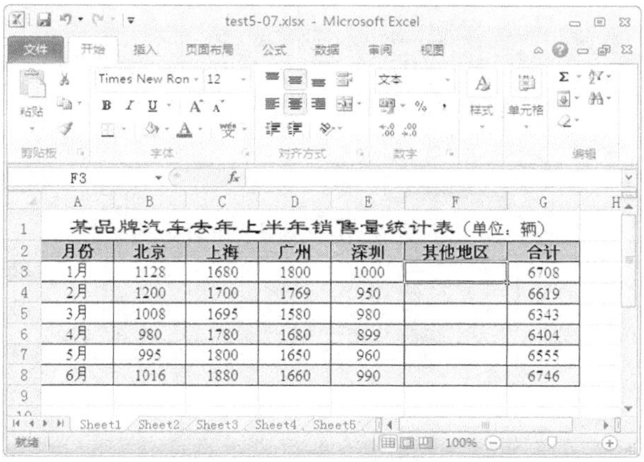

图 5-24　汽车销售量统计表

（2）在素材文件工作目录中 test5-01.xlsx 文件的 Sheet1 表，显示如图 5-25 所示的"考试成绩统计表"，将 G3：H14 单元格数字格式设置为数值类型，小数位数为 0；利用函数统计"总成绩"并计算"平均成绩"，结果分别放在相应的单元格中。

考试成绩统计表

学号	姓名	成绩1	成绩2	成绩3	成绩4	总成绩	平均成绩
20020601	张成祥	97	94	93	93		
20020602	唐来云	80	73	69	87		
20020603	张雷	85	71	67	77		
20020604	韩文岐	88	81	73	81		
20020605	郑俊霞	89	62	77	85		
20020606	马云燕	91	68	76	82		
20020607	王晓燕	86	79	80	93		
20020608	贾莉莉	93	73	78	88		
20020609	李广林	94	84	60	86		
20020610	马丽萍	55	59	98	76		
20020611	高云河	74	77	84	77		
20020612	王卓然	87	74	77	78		

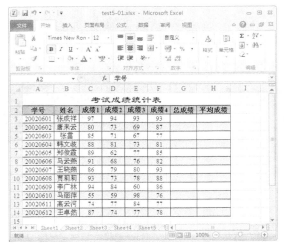

图 5-25　考试成绩统计表

5.2.2　实训步骤

1．输入公式

打开在素材 test5-07.xlsx 文件的 Sheet1 表，如图 5-26 所示。首先选择 F3：G8 单元格区域，单击右键快键菜单“设置单元格格式”，在默认的“数字”选项卡，将“文本”改为“数字”，小数倍数调整为 0。

从“汽车销售量统计表”中，可以看出“其他地区”的销售量是“合计”项减去北京、上海、广州、深圳 4 个地区的销售量。即 F3 单元格的数值可由公式 G3-B3-C3-D3-E3 计算出来，其具体操作如下。

（1）首先选中需要输入公式的单元格 F3，在单元格或编辑栏中输入等号“=”，然后依次单击 G3 单元格，输入“-”，单击 B3 单元格，就输入了公式“= G3-B3”，如图 5-26 所示。公式中所引用的单元格会自动用颜色框起来，所输入的公式在编辑栏和单元格中都会显示。

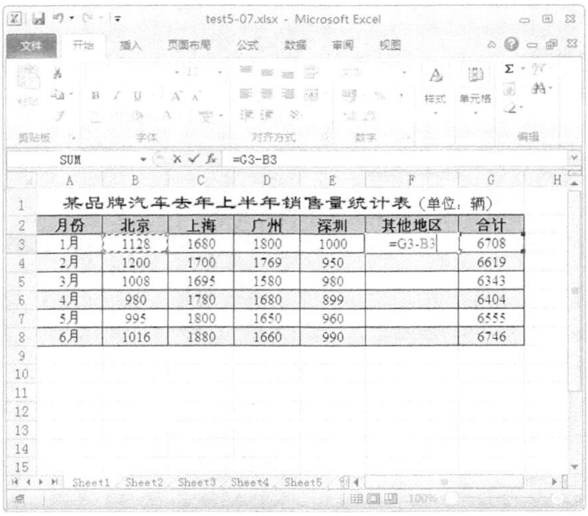

某品牌汽车去年上半年销售量统计表（单位：辆）

月份	北京	上海	广州	深圳	其他地区	合计
1月	1128	1680	1800	1000	=G3-B3	6708
2月	1200	1700	1769	950		6619
3月	1008	1695	1580	980		6343
4月	980	1780	1680	899		6404
5月	995	1800	1650	960		6555
6月	1016	1880	1660	990		6746

图 5-26　输入公式

（2）按以上方法输入完整的公式“= G3-B3-C3-D3-E3”，按“Enter”键确认，就完成了公式的输入。在 F3 单元格就会显示出输入公式后所生成的值“1100”，如图 5-27 所示。

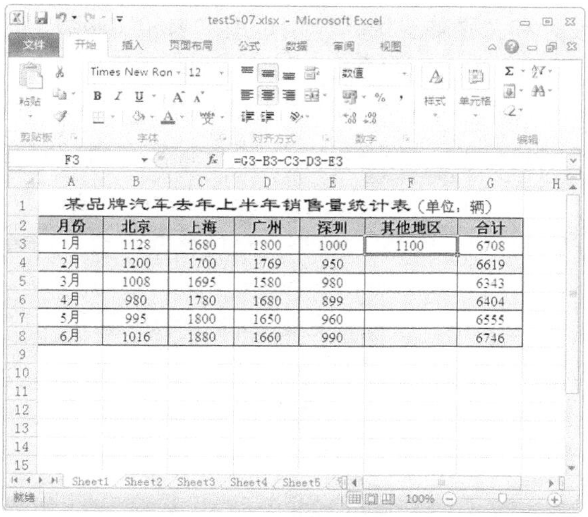

图 5-27　F3 单元格的值

F3 单元格显示的是值"1100"，而实际上 F3 单元格的内容还是公式。用鼠标选择 F3 单元格，从编辑栏就可看到 F3 单元格的内容为公式"= G3-B3-C3-D3-E3"。

2．自动填充公式

2 月到 6 月及合计的"其他地区"销售量的计算方法与 F3 单元格类似，只要把 F3 单元格的的公式复制下来就可以了。

复制 F3 单元格的公式：选中 F3 单元格，然后双击或往下拖曳 F3 单元格右下角的小黑点（即填充柄），即可完成"汽车销售量统计表"其他地区销售量的计算。自动填充结果如图 5-28 所示。

图 5-28　自动填充公式

3．输入函数

打开素材文件 test5-01.xlsx 文件的 Sheet1 表，如图 5-29 所示。首先选择 G3：H14 单元格区域，单击鼠标右键，在弹出的快捷菜单中选择"设置单元格格式"，在默认的"数字"选项卡，将"文本"改为"数字"，小数倍数调整为 0。

分析可知，"总成绩"和"平均成绩"分别是用"求和"函数、"平均值"函数计算。

（1）自动求和

在图 5-29 所示表中，选中要求和的单元格 G3。单击"开始"功能页下的功能区中的"自动求和"按钮 Σ。Excel 就会在单元格中插入"求和"函数，自动对左侧的数据进行求和，如图 5-30 所示。

其中，黑色底纹里所示的引用区域"C3:F3"是函数将要求和的区域，直接按"Enter"键确认。

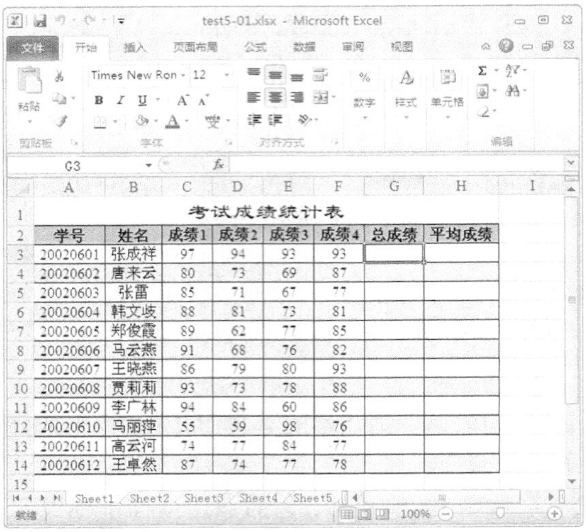

图 5-29 单击"自动求和"按钮

（2）求平均值

插入"平均值"函数：在图 5-30 中选中代表"平均成绩"的 H3 单元格。单击"编辑"工具栏中的"自动求和"按钮 Σ 旁的下拉列表按钮，选择"平均值"。

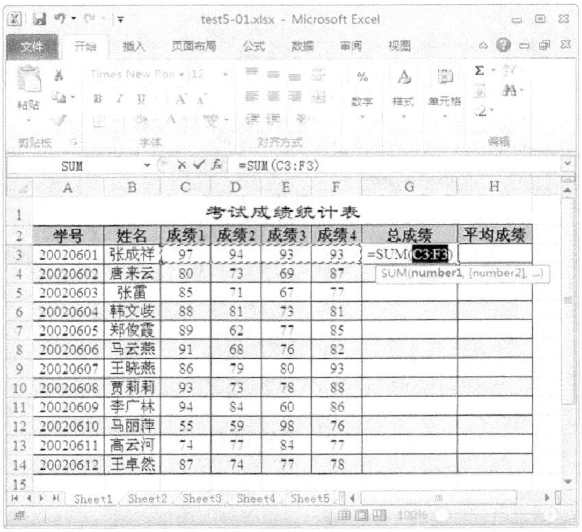

图 5-30 插入"求和"函数

插入"平均值"函数后，函数计算所引用的区域包含了"总成绩"，显然所包含区域不正确，如图 5-31 所示。

重新选择"平均值"函数计算所引用的区域 C3:F3，如图 5-32 所示。

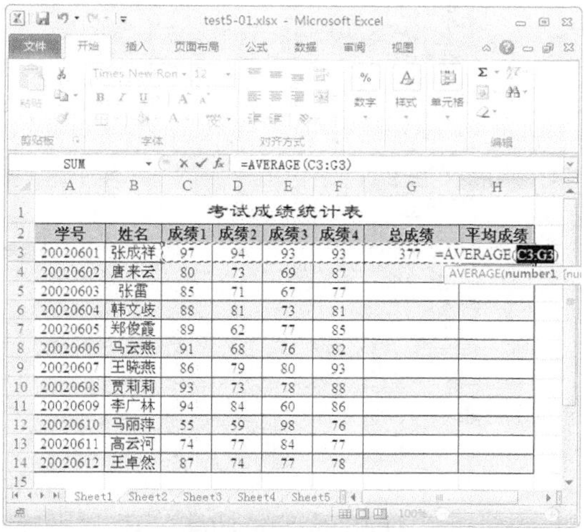

图 5-31　插入"平均值"函数

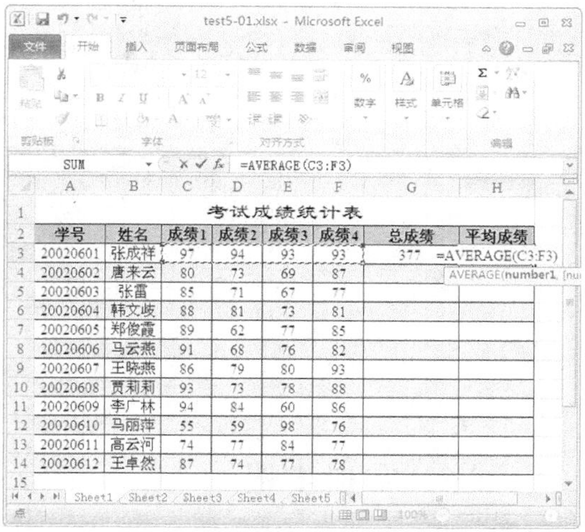

图 5-32　重新选择引用的区域

回车确认，然后选中 G3:H3，把光标移动到 H3 右下角的小黑点（自动填充柄），如图 5-33 所示。

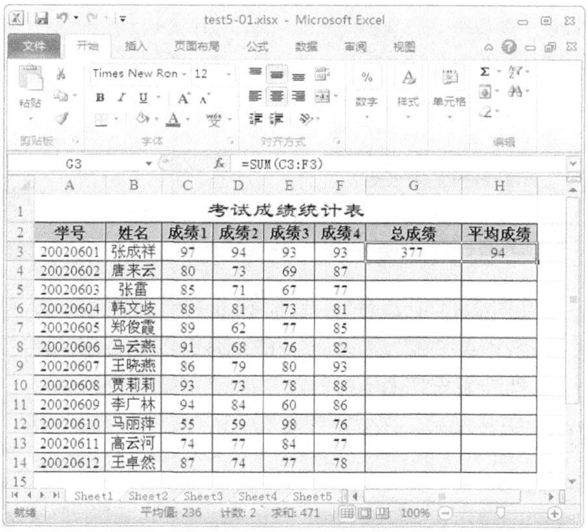

图 5-33　自动填充柄

拖曳自动填充柄到 H14 单元格，使公式填充复制到 G4:H14。

至此，考试成绩统计表完成。

实训 5.3　数据排序

5.3.1　实训内容

在素材文件工作目录 test5—07.xlsx 文件的 Sheet2 表中，将如图 5-34 所示"汽车销售统计表"，以"广州"销售量为主要关键字，"其他地区"销售量为次要关键字，对 1~6 月递减排序。

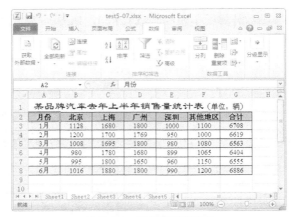

图 5-34　汽车销售统计表

5.3.2　实训步骤

首先选定数据清单中的任一单元格，然后单击"数据"功能页下的功能区中"排序"按钮。Excel 将自动选中整个数据清单并打开"排序"对话框，如图 5-35 所示。

图 5-35　排序对话框

在"主要关键字"下拉列表框中，选定要排序的主要关键字"广州"，再选择"降序"选项按钮。用相同的方法指定次要关键字排序，回车确定即可。次要关键字的添加，只要单击"排序"对话框的"添加条件"按钮即可。

顺序结果如图 5-36 所示。

图 5-36　排序结果

实训 5.4　数据筛选

5.4.1　实训内容

（1）在素材文件工作目录 test5−01.xlsx 文件的 Sheet3 工作表中，将如图 5−37 所示的“考试成绩筛选表”筛选出“成绩 1”大于 80 且“成绩 4”大于 85 的记录。

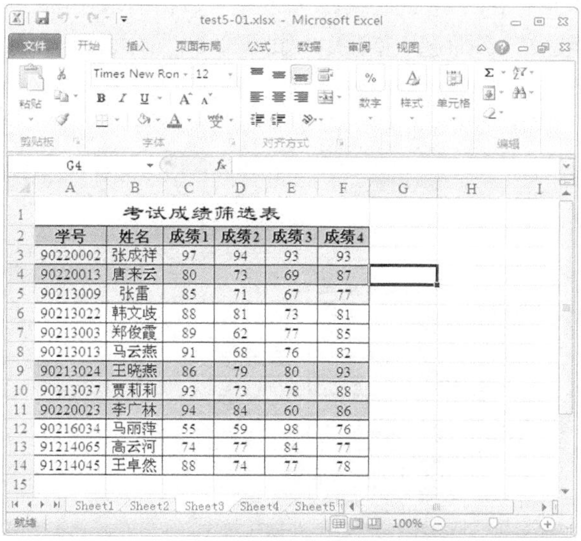

考试成绩筛选表

学号	姓名	成绩1	成绩2	成绩3	成绩4
90220002	张成祥	97	94	93	93
90220013	唐来云	80	73	69	87
90213009	张雷	85	71	67	77
90213022	韩文岐	88	81	73	81
90213003	郑俊霞	89	62	77	85
90213013	马云燕	91	68	76	82
90213024	王晓燕	86	79	80	93
90213037	贾莉莉	93	73	78	88
90220023	李广林	94	84	60	86
90216034	马丽萍	55	59	98	76
91214065	高云河	74	77	84	77
91214045	王卓然	88	74	77	78

图 5−37　考试成绩筛选表

（2）在素材文件工作目录 test5−06.xlsx 文件的 Sheet3 工作表中，将如图 5−38 所示的“万网公司产品销售统计表”， 通过使用高级筛选，筛选出“SWITCH”的“销售额”大于 200 万元且“ROUTER”的“销售额”大于 165 万元的记录，将筛选条件保留到以 H18 开始的单元格区域，结果保存到以 A18 开始的单元格区域。

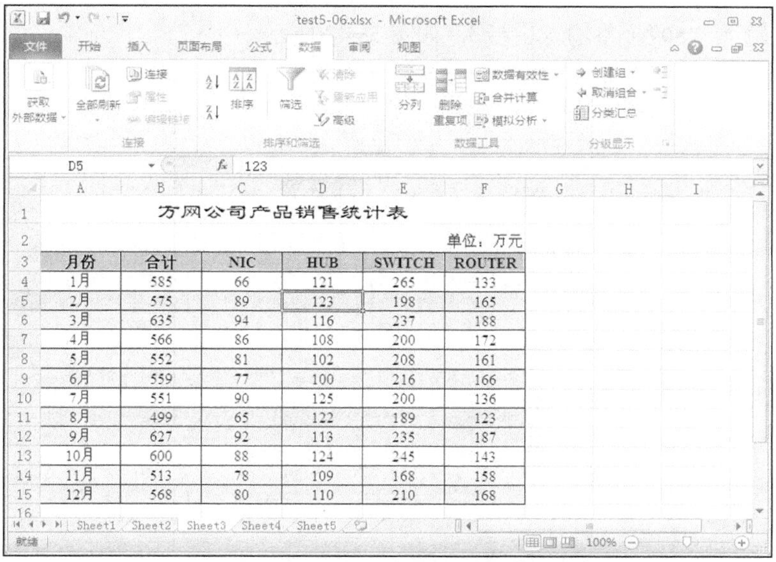

万网公司产品销售统计表

单位：万元

月份	合计	NIC	HUB	SWITCH	ROUTER
1月	585	66	121	265	133
2月	575	89	123	198	165
3月	635	94	116	237	188
4月	566	86	108	200	172
5月	552	81	102	208	161
6月	559	77	100	216	166
7月	551	90	125	200	136
8月	499	65	122	189	123
9月	627	92	113	235	187
10月	600	88	124	245	143
11月	513	78	109	168	158
12月	568	80	110	210	168

图 5−38　万网公司产品销售统计表

5.4.2 实训步骤

1. 自动筛选

从图 5-37 所示的"考试成绩筛选表"可以看出，筛选出"成绩 1"大于 80 且"成绩 4"大于 85 的记录所用到的条件"成绩 1"和"成绩 4"是并列的两个条件，用自动筛选的方法就可以了，无需用到高级筛选，其具体操作如下。

首先选中图 5-37 所示的"考试成绩筛选表"中数据区域中的任一位置，然后单击"数据"功能页下的功能区中"筛选"按钮，如图 5-39 所示。

图 5-39 自动筛选

可以看到数据清单的各列标题旁都插入了一个下拉按钮。

然后给"成绩 1"输入筛选条件。单击"成绩 1"旁的下拉按钮，选择"数字筛选"|"大于"，如图 5-40 所示。弹出如图 5-41"自定义自动筛选方式"对话框。在"大于"右侧下拉列表框中直接输入"80"（不输入引号），如图 5-42 所示。

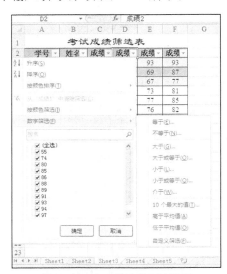

图 5-40 自动筛选的下拉按钮

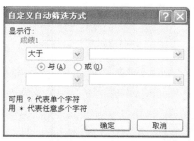

图 5-41　"自定义筛选方式"对话框

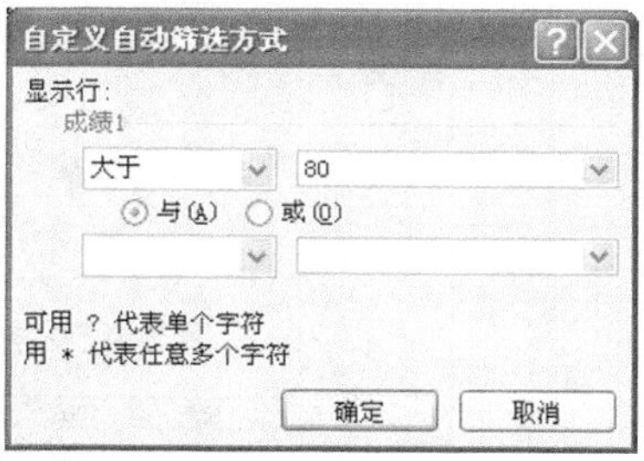

图 5-42　"成绩 1"筛选条件

单击"确定"按钮，完成"成绩 1"的筛选条件输入。

用同样的方法，完成"成绩 4"的筛选条件输入：单击"成绩 4"旁的下拉按钮，选择"数字筛选"|"大于"。在打开的"自定义自动筛选方式"对话框输入"成绩 4"的筛选条件，如图 5-43 所示。最后筛选出的结果如图 5-44 所示。

图 5-43　"成绩 4"筛选条件

图 5-44　自动筛选结果

2．高级筛选

在"万网公司产品销售统计表"中，筛选出"SWITCH"的"销售额"大于 200 万元且"ROUTER"的"销售额"大于 165 万元的记录，即"SWITCH"和"ROUTER"的销售额是"与"的关系。

构造条件区域：按要求，筛选条件保留在 H18 开始的单元格区域，所以先把作为条件的字段名复制到 H18:I18 单元格区域中，如图 5-45 所示。

图 5-45　复制作为条件的字段名

　　再在"SWITCH"和"ROUTER"字段名下的分别输入筛选条件">200"和">165"，完成构造条件区域，如图 5-46 所示。

图 5-46　输入筛选条件

　　选定要筛选的数据清单中的任一单元格，单击"数据"功能页下的"排序和筛选"功能区中"高级"按钮，打开"高级筛选"对话框，如图 5-47 所示。

　　在"高级筛选"对话框中，单击"条件区域"选择框，选择 H18:I19 区域，如图 5-48 所示。

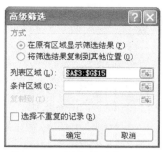

图 5-47 “高级筛选”对话框

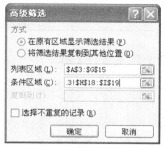

图 5-48 选择条件区域

“高级筛选”对话框的“方式”中，单击“将筛选结果复制到其他位置”单选按钮，击活“复制到”选择框后，选择筛选结果保存的位置 A18 单元格，如图 5-49 所示。

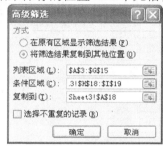

图 5-49 选择筛选结果保存的位置

单击“确定”按钮后，筛选结果如图 5-50 所示。

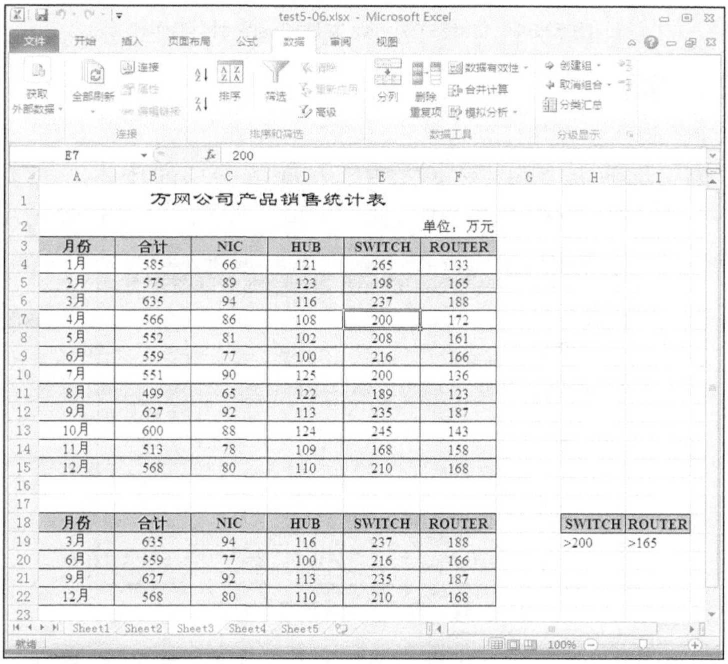

月份	合计	NIC	HUB	SWITCH	ROUTER
1月	585	66	121	265	133
2月	575	89	123	198	165
3月	635	94	116	237	188
4月	566	86	108	200	172
5月	552	81	102	208	161
6月	559	77	100	216	166
7月	551	90	125	200	136
8月	499	65	122	189	123
9月	627	92	113	235	187
10月	600	88	124	245	143
11月	513	78	109	168	158
12月	568	80	110	210	168

月份	合计	NIC	HUB	SWITCH	ROUTER
3月	635	94	116	237	188
6月	559	77	100	216	166
9月	627	92	113	235	187
12月	568	80	110	210	168

图 5-50 高级筛选结果

实训 5.5　合并计算

5.5.1　实训内容

打开素材文件工作目录中 test5-07.xlsx 文件的 Sheet4 工作表，如图 5-51 所示，利用合并计算功能计算出各个月产品销售总量，并将结果保存到以 E2 开始的单元格区域。

图 5-51　test5-07.xlsx 文件的 Sheet4 工作表

5.5.2　实训步骤

首先把光标定位到存放合并计算结果的起始单元格 E2。

再单击"数据"功能页下的"数据工具"功能区中"合并计算"按钮，打开"合并计算"对话框，在"函数"下拉列表框中选择"求和"选项，如图 5-52 所示。

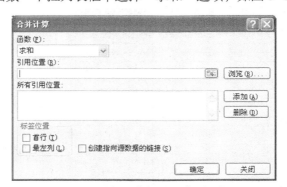

图 5-52　打开"合并计算"对话框

接着添加数据源的引用：单击"引用位置"下方文本框右端的 按钮，使对话框会折叠起来，接下来选取数据源区域 B3:C26。再单击 按钮展开对话框，"引用位置"下方文本框将显示"$B$3:$C$26"，然后单击"添加"按钮，把数据源区域 B3:C26 添加到"所有引用位置"区域中，如图 5-53 所示。

在"合并计算"对话框的"标签位置"选项组中，勾选"最左列"复选框（由于选择数据源时没选到表头即首行，所以这里没有选中"首行"），如图 5-54 所示。

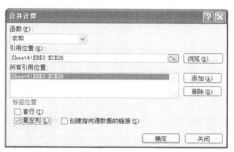

图 5-53　添加数据源的引用　　　　　　　　　　　　图 5-54　"标签位置"

按"确定"按钮完成任务，完成后如图 5-55 所示。

图 5-55　合并计算结果

实训 5.6　分类汇总

5.6.1　实训内容

在素材文件工作目录 test5-07.xlsx 文件的 Sheet5 工作表中，将如图 5-56 所示 zy5-7.xls 文件的 Sheet5 工作表利用分类汇总功能统计各"地区"销售总量。

某品牌汽车去年上半年销售量统计表（单位：辆）		
月份	地区	销售量
1月	北京	1128
1月	上海	1680
1月	广州	1800
1月	深圳	1000
2月	北京	1200
2月	上海	1700
2月	广州	1769
2月	深圳	950
3月	北京	1008
3月	上海	1695
3月	广州	1580
3月	深圳	980
4月	北京	980
4月	上海	1780
4月	广州	1680
4月	深圳	899
5月	北京	995
5月	上海	1800
5月	广州	1650
5月	深圳	960
6月	北京	1016
6月	上海	1880
6月	广州	1660
6月	深圳	990

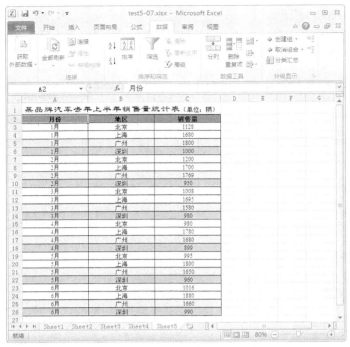

图 5-56　test5-07.xlsx 文件的 Sheet5 工作表

5.6.2　实训步骤

首先以分类字段进行排序。

在图 5-56 所示工作表中，选择表格中“地区”一列的任一单元格，单击“数据”功能页下的功能区中的“升序” 按钮，使数据以“地区”为关键字进行排序，如图 5-57 所示。

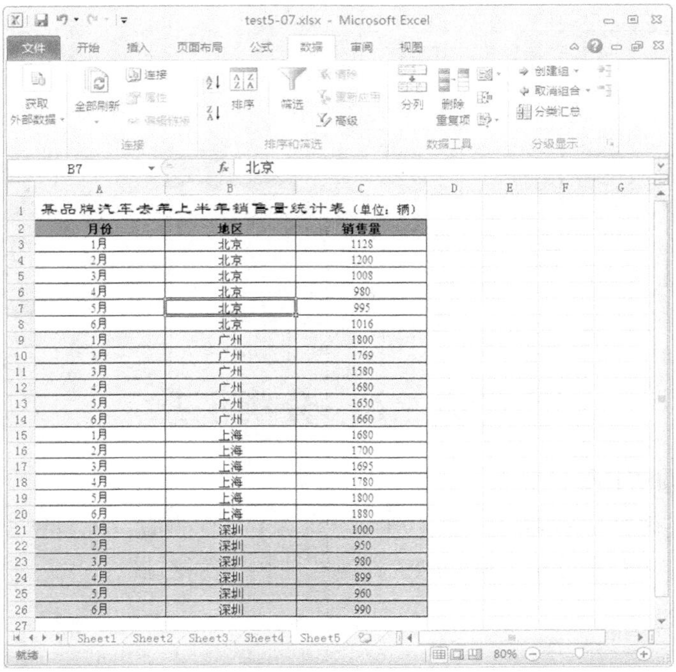

某品牌汽车去年上半年销售量统计表（单位：辆）		
月份	地区	销售量
1月	北京	1128
2月	北京	1200
3月	北京	1008
4月	北京	980
5月	北京	995
6月	北京	1016
1月	广州	1800
2月	广州	1769
3月	广州	1580
4月	广州	1680
5月	广州	1650
6月	广州	1660
1月	上海	1680
2月	上海	1700
3月	上海	1695
4月	上海	1780
5月	上海	1800
6月	上海	1880
1月	深圳	1000
2月	深圳	950
3月	深圳	980
4月	深圳	899
5月	深圳	960
6月	深圳	990

图 5-57　以分类字段排序

然后单击"数据"功能页下的"分级显示"功能区中的"分类汇总"命令，打开"分类汇总"对话框，在"分类字段"列表框中选择"地区"，在"汇总方式"列表框中选择"求和"，在"选定汇总项"中勾选"销售量"复选框，如图 5-58 所示。

图 5-58 "分类汇总"对话框

单击"确定"按钮，完成分类汇总，汇总结果如图 5-59 所示。

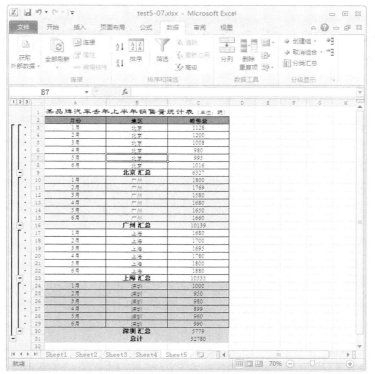

图 5-59 分类汇总结果

复习题

1. 打开 X：\素材文件工作目录\第 5 单元\test5-05.xlsx，按下列要求操作，完成后以"dj5-05.xlsx"为文件名另存入考生文件夹中。

（1）使用 Sheet1 工作表中的数据，将 A14：J14 单元格数字格式设置为数值类型，2 位小数位数；利用函数计算流域片的"供水量"和"用水量"，将结果分别放在相应的单元格中。

（2）使用 Sheet2 工作表中的数据，以"总供水量"为主要关键字，"地表水"为次要关键字，降序排序。

（3）使用 Sheet3 工作表中的数据，筛选出"总用水量"大于等于 240 的记录。

（4）使用 Sheet4 工作表中的数据，在"各学校决赛总成绩统计表"中进行"求和"计算。

（5）使用 Sheet5 工作表中的数据，以"学校"为分类字段，将"成绩"进行"平均值"分类汇总。

2．打开 X：\素材文件工作目录\第 5 单元\test5-02.xlsx，按下列要求操作，完成后以"dj5-02.xlsx"为文件名另存入考生文件夹中。

（1）使用 Sheet1 工作表中的数据，将 A15：D16 单元格数字格式设置为数值类型，2 位小数位数；利用函数计算"总计"和"平均销售额"，将结果放在相应的单元格中。

（2）使用 Sheet2 工作表中的数据，以"销售地区"为主要关键字，"销售额"为次要关键字，降序排序。

（3）使用 Sheel3 工作表中的数据，通过使用高级筛选，筛选出"销售地区"是"东北"且"销售额"大于 1 400 的记录，将筛选条件保留到以 F16 开始的单元格区域，结果保存到以 A16 开始的单元格区域。

（4）使用 Sheet4 工作表中"表 1"、"表 2"的数据，在"统计表"中进行"求和"合并计算。

（5）使用 Sheet5 工作表中的数据，以"销售地区"为分类字段，将"销售额"进行"求和"分类汇总。

PART 6

任务 6
PowerPoint 2010 基本操作

- 基本概念
- 应用主题
- 设置动作按钮
- 制作母版
- 设置动画和放映方式

PowerPoint 2010 与 Word 2010 和 Excel 2010 一样，同样是 Microsoft 公司产品 Office 2010 的重要组件之一，是制作和演示幻灯片的软件。通过 PowerPoint 2010，能够制作出集文字、图形、图像、声音以及视频剪辑等多媒体元素于一体的演示文稿，如幻灯片、投影片、动画片，甚至是贺卡、流程图、组织结构图等。

PowerPoint 2010 把所要表达的信息组织在一组图文以及声音并茂的画面中，主要用于各种会议、产品介绍以及学校的多媒体教学等领域，制作的演示文稿可以通过计算机屏幕直接播放，或者通过投影仪在大型屏幕上播放，还可以将演示文稿打印出来，制作成胶片，供普通幻灯机播放，随着计算机应用以及办公自动化的不断普及，PowerPoint 2010 的应用将越来越广泛。

实训 6.1——熟悉 PowerPoint 2010

计算机是用来进行信息处理的工具，计算机内存储着各种信息和数据，这些信息和数据必须经过数字化编码后才能被传送和存储，各种信息在计算机内部都是以二进制编码形式来存储的。

6.1.1　PowerPoint 2010 的基本概念

在具体讲解 PowerPoint 2010 之前，首先说明 PowerPoint 2010 中演示文稿和幻灯片这两个概念。

利用 PowerPoint 制作出来的文档，是一个文件，我们称该文件为演示文稿；而演示文稿中的每一页叫幻灯片，每张幻灯片都是演示文稿中既相互独立又相互联系的内容，不过这些幻灯片和传统的幻灯片的含义并不完全相同。

演示文稿中的幻灯片既可以制作成传统的幻灯片，供幻灯机播放，又可以在计算机的屏幕中直接演示，或者接上投影仪通过大屏幕进行演示，还可以通过 Web 方式在网络上进行演示。演示文稿通常由任意多张的幻灯片所组成。

下面分别介绍 PowerPoint 2010 的启动、4 种视图等基本概念。

1．PowerPoint 2010 的启动

启动 PowerPoint 2010 有以下两种方法。

（1）通过资源管理器启动。

打开一个资源管理器，在通常情况下，按照 C:\Program Files\Microsoft Office\Office14 的路径，寻找 PowerPoint 2010 的执行文件 POWERPNT.EXE，用鼠标双击该执行文件，即可正常启动 PowerPoint 2010。

（2）通过"开始"菜单启动。

通过鼠标单击屏幕左下角的"开始"|"所有程序"|"Microsoft Office"|"Microsoft Office Power Point 2010"命令，即可正常启动 PowerPoint 2010。

2．PowerPoint 2010 的 4 种视图

为帮助用户创建演示文稿，PowerPoint 2010 提供了用于查看和使用演示文稿的不同方式，我们称之为视图。

PowerPoint 2010 有四种视图供用户选择，分别如下。

（1）普通视图。

（2）幻灯片浏览视图。

（3）备注页。

（4）阅读视图。

通过单击 PowerPoint 窗口选项卡中的"视图"，可以在"演示文稿"视图功能区中选择相关视图，实现上述 4 种视图之间的相互切换。

1．普通视图

普通视图是 PowerPoint 2010 最常用的一种视图，当启动 PowerPoint 2010，新建一个空白演示文稿时，就会生成普通视图。它包含 3 种窗格：左边是幻灯片/大纲窗格、右边上半部是幻灯片窗格，下半部是备注窗格，如图 6-1 所示。

这 3 种窗格使得用户可以在同一屏幕使用演示文稿的各种特征，通过拖曳相应的窗格边框可调整不同窗格的大小。普通视图是 PowerPoint 2010 默认的工作视图，在该视图中一次只能操作一张幻灯片。

图 6-1 普通视图中的 3 种窗格

大纲窗格：使用大纲窗格可组织和开发演示文稿中的内容；可以输入演示文稿中的所有文本，然后重新排列项目符号、段落和幻灯片。

幻灯片窗格：在幻灯片窗格中，可以查看每张幻灯片中的文本外观；可以在单张幻灯片中添加图形、影片和声音，并创建超级链接以及向其中添加动画。

备注窗格：使用户可以添加与观众共享的演说者备注或信息。

2．幻灯片浏览视图

在幻灯片浏览视图中，会在内容窗格显示多张固定小尺寸的幻灯片，以便用户很容易在幻灯片之间进行添加、删除和移动幻灯片以及选择动画切换、排练计时等多种编辑操作，如图 6-2 所示。

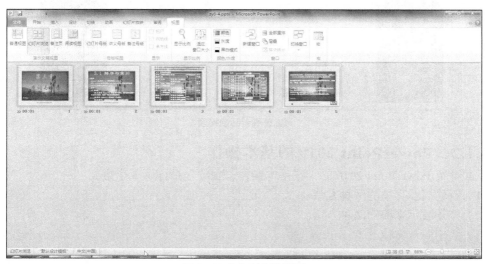

图 6-2 幻灯片浏览视图

3．备注页

在幻灯片备注页中，用户可以为指定的幻灯片添加备注内容（用鼠标单击备注页下方的文本框，即可在文本框中输入该幻灯片的备注内容）如图 6-3 所示。

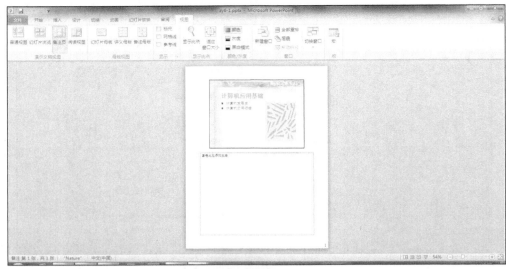

图 6-3　幻灯片备注页

4．阅读视图

阅读视图，用于查看幻灯片内容，在阅读视图中，包括上面的标题栏和下面的状态栏，这是与幻灯片放映时的差别所在，如图 6-4 所示。

图 6-4　阅读视图

6.1.2　PowerPoint 2010 的基本操作

下面介绍 PowerPoint 2010 的一些基本操作，主要包括以下 5 个方面。

（1）新建演示文稿的两种方法。

（2）打开演示文稿的两种方法。

（3）关闭演示文稿。

（4）保存演示文稿。

（5）打印演示文稿。

1．新建演示文稿的两种方法

PowerPoint 2010 提供了两种方法供用户新建演示文稿，分别如下。

（1）启动 PowerPoint 2010，新建空演示文稿。

（2）根据"新建"选项卡命令，新建多种演示文稿。

下面分别予以详细说明。

（1）新建空演示文稿

在新启动的 PowerPoint 2010 中，会自动打开一个新建的空演示文稿，如图 6-5 所示。

图 6-5　新建空演示文稿

（2）新建多种演示文稿

在已经启动的 PowerPoint 2010 中，单击"文件"选项卡中的"新建"命令，其窗口如图 6-6 所示，可以新建空演示文稿；可以通过最近打开的模板，新建演示文稿；可以通过样本模板，新建演示文稿；可以通过主题，新建演示文稿；还可以通过"我的模板"，新建演示文稿。

通过此种方法，可以新建多种演示文稿。

图 6-6　新建多种演示文稿

2．打开演示文稿的两种方法

在 PowerPoint 2010 中，打开已有的演示文稿有两种方法：直接单击需要打开的 PowerPoint 2010 文件，打开已有的演示文稿；通过"文件"选项卡中的"打开"命令。

（1）单击 PowerPoint 2010 文件

在资源管理器中，显示需要打开的 PowerPoint 2010 文件，直接单击这个 PowerPoint 2010 文件，即可打开已有的演示文稿。

（2）通过"文件"选项卡打开命令

在已经启动的 PowerPoint 2010 界面中，通过单击"文件"选项卡中的"打开"命令，在打开的文件对话框中，选取所需要的演示文稿，也可打开已有的演示文稿。

3．关闭演示文稿

要关闭已经打开的演示文稿，通过"文件"选项卡中的"退出"命令或者单击右上方的"关闭"按钮，即可将现有的演示文稿关闭。

4．保存演示文稿

要保存现有的演示文稿，通过"文件"选项卡中的"保存"或"另存为"命令，可将现有的演示文稿保存在相应的目录中。

PowerPoint 2010 还提供了自动保存演示文稿的功能。通过"文件"选项卡中的"选项"命令，在其中的"保存"选项中，可以设置自动保存的间隔时间。如果出现死机或是突然断电，选择了自动保存时，PowerPoint 2010 将会自动保存演示文稿，这样便可以做到自动恢复，这在实际应用中非常重要。

5．打印演示文稿

PowerPoint 2010 提供了较强的打印功能，通过"文件"选项卡中的打印命令，打开如图 6-7 所示的打印对话框。

在打印讲义时，通过设置"整页幻灯片"选项，可以设置每页需要打印的幻灯片数量，并选择是以水平或垂直的顺序方式排列幻灯片，以便节省纸张。

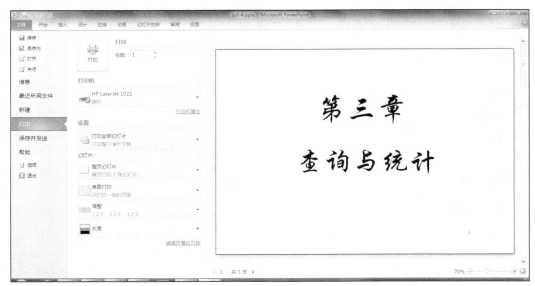

图 6-7　演示文稿打印对话框

实训 6.2——应用主题建立演示文稿

6.2.1 实训内容

参照 X：\素材文件工作目录\06\样文 6-2a.jpg，完成以下操作，将结果保存为考生文件夹下的"dj6-2a.pptx"。

（1）选取自动版式为"标题和内容"，应用主题"聚合"（ 参考 2 行 7 列），添加标题"计算机应用基础"，标题字形加粗，字体颜色为红色（RGB：255，0，0）。

（2）添加项目：项目 1 为"计算机发展史"，项目 2 为"计算机应用领域"。设置项目 1 和项目 2 动画效果为"出现"。

样文如图 6-8 所示。

图 6-8　设计样文

6.2.2 实训步骤

1．新建空白演示文稿，选取幻灯片版式

启动 PowerPoint 2010 软件，此时就会新建一个空白的演示文稿，如图 6-9 所示。

图 6-9　新建演示文稿窗口

在图 6-9 所示"幻灯片"功能区中，单击"版式"右边的下拉对话框按钮，选取自动版式为"标题和内容"。

2．应用主题，添加标题

单击"设计"选项卡，在"主题"功能区中单击下拉对话框按钮，就会打开选择主题对话框，如图 6-10 所示。

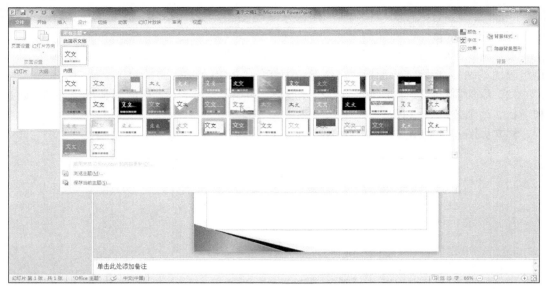

图 6-10　选择主题

在图 6-10 所示对话框中，选择主题"聚合"（参考 2 行 7 列），此时就会为该幻灯片设置"聚合"主题；单击"开始"选项卡，添加标题"计算机应用基础"，设置标题字形加粗，字体颜色为红色（RGB：255，0，0），如图 6-11 所示。

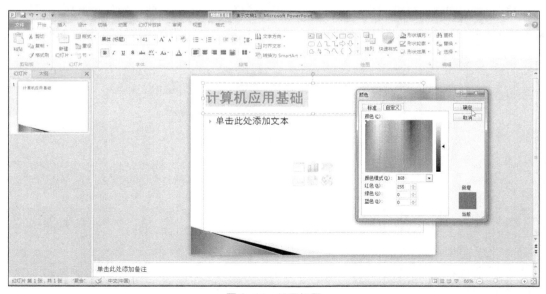

图 6-11　设置标题

这里需要说明的是，如果要求按照指定的模板来建立演示文稿，则需要在"文件"选项卡中，选择"新建"命令，如需要利用"现代型相册"模板，此时必须在 Office.com 模板右边的搜索框中输入"现代型相册"，如图 6-12 所示，在线下载"现代型相册"模板，然后选择该模板。

图 6-12　搜索模板

3．设置项目

在文本框中，输入两行内容，分别是"计算机发展史"、"计算机应用领域"，然后选择这两行内容，单击"段落"功能区中项目符号设置的下拉对话框按钮，选择所需要的三角形项目符号，如图 6-13 所示。

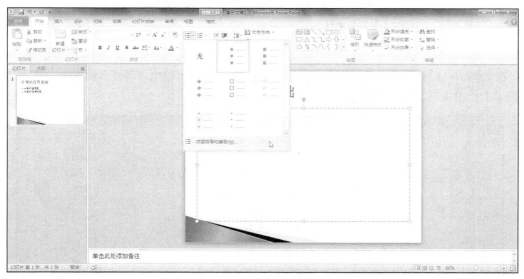

图 6-13　选择项目符号

在图 6-13 所示的对话框中，并没有显示所需要的三角形项目符号，此时则需要自定义项目符号。单击"项目符号和编号"选项，打开"项目符号和编号"对话框，如图 6-14 所示。

在图 6-14 所示对话框中，单击"自定义"按钮，打开 6-15 所示的符号选择对话框，选择第 1 行第 3 列的三角形符号，单击"确定"按钮，就可以添加自定义的三角形符号项目，如图 6-16 所示。

图 6-14　项目符号和标号对话框

图 6-15　符号选择对话框

在图 6-16 所示对话框中，单击"确定"按钮，此时就会为两个项目内容设置三角形项目符号，如图 6-17 所示。

图 6-16　添加三角形符号项目

图 6-17　设置项目

4．设置动画

在如图 6-18 所示的动画设置界面中，选择文本框内容，单击"动画"选项卡，在"动画"功能区中，单击"出现"动画效果。

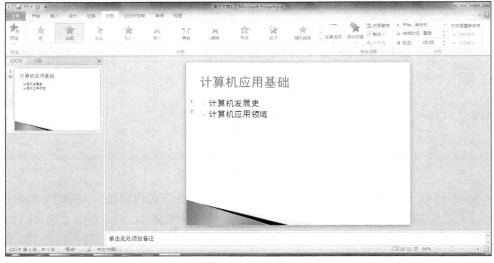

图 6-18　设置动画

此时单击最左边的"预览"按钮，可以运行设置的动画；也可以单击"幻灯片放映"选项卡，在"开始放映幻灯片"功能区中，选择"从当前幻灯片开始"播放该动画。此时幻灯片中的项目将会逐行显示。

最后将结果保存为考生文件夹下的"dj6-2a.pptx"。

实训 6.3——设置动作按纽

6.3.1　实训内容

打开　X：\素材文件工作目录\06\zy6-7.pptx，完成以下操作，将结果保存为考生文件夹下的"dj6-7b.pptx"。

（1）在最后一张幻灯片的右下角适当位置添加"第一张"的动作按钮，单击此按钮时链接到第一张幻灯片。

（2）设置所有幻灯片显示幻灯片编号。

（3）给所有的幻灯片添加背景，背景色为纹理：白色大理石。

6.3.2　实训步骤

1．设置动作按钮

首先打开演示文稿 zy6-7.pptx，该演示文稿包括 11 张幻灯片，在幻灯片窗格中选择最后一张幻灯片——第 11 张幻灯片，如图 6-19 所示。

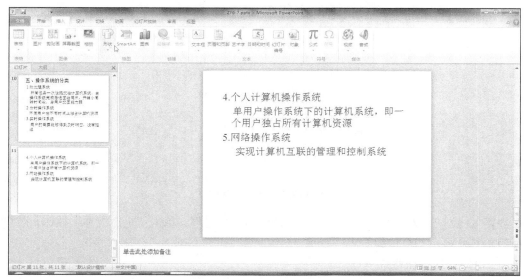

图 6-19　选择第 11 张幻灯片

在图 6-19 所示窗口中，单击"插入"选项卡，在"插图"功能区中，单击"形状"按钮，在出现的如图 6-20 所示的下拉对话框中的底部，选择"第一张"（第三个）动作按钮，添加到该幻灯片的右下角适当位置，此时会出现"动作设置"对话框，如图 6-21 所示。

图 6-21　设置动作按钮

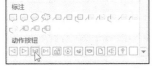

图 6-20　选择动作按钮

在图 6-21 所示对话框中，设置超级链接到"第一张幻灯片"，然后单击"确定"按钮（此时如果单击此按钮，则链接到第一张幻灯片）。

2．显示幻灯片编号

在"文本"功能区中，单击"幻灯片编号"按钮，打开如图 6-22 所示的"页眉和页脚"对话框。

图 6-22　设置幻灯片编号

在图 6-22 所示对话框中，勾选"幻灯片编号"复选框，单击"全部应用"按钮，就可设置所有幻灯片显示幻灯片编号。

3．给幻灯片添加背景

单击"设计"选项卡，在"背景"功能区中，单击"背景样式"按钮，在出现的下拉对话框中的底部，选择"设置背景格式"按钮，打开"设置背景格式"对话框，如图 6-23 所示。

在图 6-23 所示对话框中，设置填充方式为"图片或纹理填充"，单击"纹理"下拉对话框，选择纹理为白色大理石，单击"全部应用"按钮，最后单击"关闭"按钮，就为所有幻灯片添加了指定的背景。

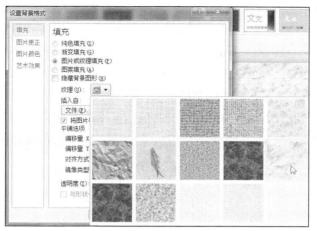

图 6-23　添加背景

实现上述的步骤之后，将结果保存为考生文件夹下的"dj6-7b.pptx"。

实训 6.4——制作母版

6.4.1　实训内容

参照 X：\素材文件工作目录\06\样文 6-2b.jpg，完成以下操作。

（1）制作母版：新建空白幻灯片，背景设置为名为"X：\素材文件工作目录\06\picture1.jpg"的文件，设置自动更新日期，显示幻灯片的编号。

（2）在母版的页面左下角插入图片"X：\素材文件工作目录\06\xuexiao.jpg"。动画效果：阶梯状，向左下展开。

（3）完成所有操作后，将演示文稿保存在考生文件夹下的"dj6-2b.potx"。

样文如图 6-24 所示。

图 6-24　样文内容

6.4.2　实训步骤

1．制作母版

启动 PowerPoint 2010 软件，单击"视图"选项卡，在"母版视图"功能区中单击"幻灯片母版"，如图 6-25 所示。

图 6-25　母版视图

此时就会打开"幻灯片母版"选项卡，自动建立母版页的相关幻灯片，如图 6-26 所示。

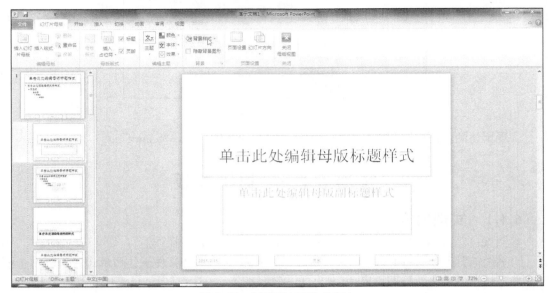

图 6-26　"幻灯片母版"选项卡

在图 6-26 所示窗口中，在"背景"功能区中，单击"背景样式"按钮，在出现的下拉对话框中的底部，选择"设置背景格式"按钮，打开"设置背景格式"对话框，如图 6-27 所示。

图 6-27　添加"背景"

在图 6-27 所示对话框中，设置填充方式为"图片或纹理填充"，单击"插入"自下的"文件"下拉对话框，选择背景名为"X：\素材文件工作目录\06\picture1.jpg"的文件，单击"全部应用"按钮，最后单击"关闭"按钮，就为幻灯片母版添加了指定的文件背景，效果如图6-28所示。

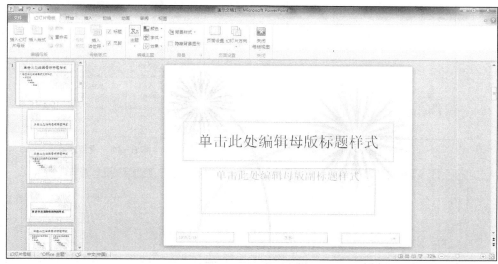

图 6-28　设置幻灯片母版背景

单击"插入"选项卡，在"文本"功能区中单击"日期和时间"按钮，打开如图 6-29 所示的"页眉和页脚"对话框。

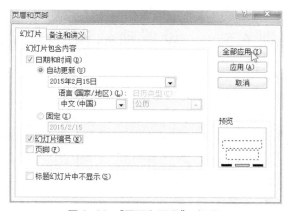

图 6-29　"页眉和页脚"对话框

在图 6-29 所示对话框中，设置自动更新日期，勾选"幻灯片编号"复选框，单击"全部应用"按钮，就可为幻灯片母版设置自动更新日期，显示幻灯片的编号。

2．设置动画

在图 6-29 所示窗口中，单击"图像"功能区中的"图片"按钮，打开插入图片对话框，选择图片"X：\素材文件工作目录\06\xuexiao.jpg"，并设置该图片位于幻灯片的左下角，效果如图 6-30 所示。

单击"动画"选项卡，在"动画"功能区中单击下拉对话框按钮，在出现的下拉对话框中的底部，单击"更多进入效果"，打开如图 6-31 所示的对话框，选择其中的动画效果"阶梯状"，然后单击"确定"按钮；在"动画"功能区中单击"效果选项"按钮，在出现的下拉对话框中，选择"左下"展开，如图 6-32 所示。

图 6-30 插入图片

图 6-31 设置动画

图 6-32 设置"效果选项"

实现上述的步骤之后，将该演示文件保存为考生文件夹下的"dj6-2b.potx"。请注意该文件的后缀名是 potx。

实训 6.5——设置动画和放映方式

6.5.1 实训内容

打开 X:\素材文件工作目录\06\zy6-9.pptx，完成以下操作，将结果保存为考生文件夹下的"dj6-9b.pptx"。

（1）将第一张幻灯片标题动画设为"弹跳"，动画文本"盒状、整批发送"。

（2）设置全部幻灯片切换效果为"水平百叶窗"，单击鼠标换页。

（3）新建放映方式为"DJ6"，设置放映幻灯片 1~6。

6.5.2 实训步骤

1．设置动画

双击 X:\素材文件工作目录\06\zy6-9.pptx 文件，打开已有的演示文稿，选择第一张幻灯片中的标题，单击"动画"选项卡，在"动画"功能区中单击下拉对话框按钮，在出现的下拉对话框中，选择"弹跳"动画，如图 6-33 所示。

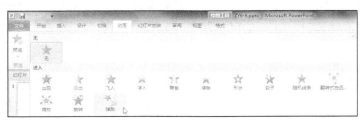

图 6-33 设置标题动画

选择第一张幻灯片中的文本，在"动画"功能区中单击下拉对话框按钮，在出现的下拉对话框中的底部，单击"更多进入效果"，打开一个对话框，选择其中的动画效果"盒状"，然后单击"确定"按钮。

单击"高级动画"功能区中的"动画窗格"按钮，在幻灯片的右边出现动画窗格，如图6-34所示。

在图6-34所示对话框中，单击文本动画的下拉对话框按钮，在出现的对话框中，选择"效果选项"命令，打开如图6-35所示的设置文本动画对话框，设置动画文本为"整批发送"，然后单击"确定"按钮，便为第一张幻灯片设置了标题动画"弹跳"，文本动画"盒状、整批发送"。

图6-34　动画窗格

图6-35　设置动画文本

2. 设置切换效果

单击"切换"选项卡，在"切换到此幻灯片"功能区中单击下拉对话框按钮，在出现的下拉对话框中，选择切换效果为"百叶窗"（第3行3列），如图6-36所示。

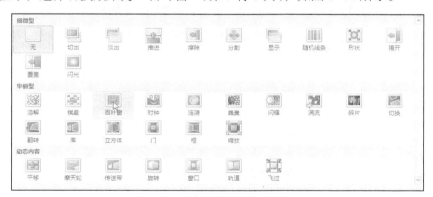

图6-36　设置"百叶窗"切换效果

在"切换到此幻灯片"功能区中单击"效果选项"按钮，在出现的下拉对话框中，选择切换效果为"水平"，如图6-37所示，从而设置全部幻灯片切换效果为"水平百叶窗"。

图6-37　设置切换效果

在图 6-37 所示对话框"计时"功能区中,勾选换片方式为"单击鼠标时"。

3．设置放映方式

单击"幻灯片放映"选项卡,在图 6-38 所示的对话框的"开始放映幻灯片"功能区中,单击"自定义幻灯片放映"按钮,打开如图 6-39 所示的自定义放映对话框。

图 6-38　"幻灯片放映"选项卡

在图 6-39 所示对话框中,单击"新建"按钮,就会打开如图 6-40 所示的"定义自定义放映"对话框。

图 6-39　"自定义放映"对话框

图 6-40　"定义自定义放映"对话框

在图 6-40 所示对话框中,设置幻灯片的放映名称为"DJ6",选择第 1~第 6 张幻灯片,单击"添加"按钮,将 6 张幻灯片添加到"在自定义放映中的幻灯片"列表框中,最后单击"确定"按钮,此时会再次打开自定义放映对话框,如图 6-41 所示。

图 6-41　"自定义放映"对话框

在上述对话框中,已经添加了"DJ6"放映名称,此时单击"放映"按钮,即可播放指定的幻灯片放映。

实现上述的步骤之后,将结果保存为考生文件夹下的"dj6-9b.pptx"。

复习题

1．参照 X：\素材文件工作目录\06\样文 6-1a.jpg,完成以下操作,将结果保存为考生文件夹下的"dj6-1a.pptx"。

（1）应用主题"暗香扑面"（参考 1 行 2 列）新建标题幻灯片,内容如样文。

（2）添加"两栏内容"版式的幻灯片，文本内容如样文，图片为"X：\素材文件工作目录\06\yanshi.jpg"。

样文如图 6-42 所示。

图 6-42　样文内容

2. 打开 X：\素材文件工作目录\06\zy6-5.pptx，完成以下操作，将结果保存为考生文件夹下的"dj6-5b.pptx"。

（1）设置第一张幻灯片。标题动画：形状，动画播放后隐藏。文本动画：劈裂——中央向左右展开。

（2）给所有幻灯片添加页脚"版权所有：职业技能鉴定指导中心"。

（3）新建自定义放映"kswj605"，放映第 1~第 6 张幻灯片。

3. 打开 X：\素材文件工作目录\06\zy6-8.pptx，完成以下操作，将结果保存为考生文件夹下的"dj6-8b.pptx"。

（1）在第一张幻灯片的左上角添加批注，批注内容为"计算机信息高新技术考试"。

（2）在第二张幻灯片的右下角适当位置设置"开始"和"结束"动作按钮，使得放映时单击此按钮则连接到第一张幻灯片和最后一张幻灯片。

（3）设置幻灯片放映方式为"循环放映，在展台浏览"、"手动换片"。

4. 参照 X：\素材文件工作目录\06\样文 6-6a.jpg，完成以下操作，将结果保存为考生文件夹下的"dj6-6a.pptx"。

（1）选取自动版式为"标题和内容"，应用主题"精装书"（参考 2 行 6 列），创建一页新的幻灯片。添加标题"局域网管理考试（中级）"，字形加粗。

（2）添加一个单列 8 行列表，表格样式设置为"无样式无网格"，录入如样文所示内容，表格中的文字字号 28。设置表格动画：垂直随机线条。

样文如图 6-43 所示。

图 6-43 样文内容

5. 打开 X：\素材文件工作目录\06\zy6-10.pptx，完成以下操作，将结果保存为考生文件夹下的 "dj6-10b.pptx"。

（1）给所有的幻灯片添加背景，背景色（RGB：128，128，128）。

（2）设置所有幻灯片显示幻灯片编号。

（3）在最后一张幻灯片的右下角适当位置添加 "第一张" 的动作按钮，单击此按钮时链接到第一张幻灯片。

任务 7
Word 2010 综合应用

- 插入文本
- 符号替换
- 插入对象
- 文本转换成表格
- 表格转换成文本
- 邮件合并

　　Word 2010 不仅能进行文字的编写与排版，并能与文本文件、Excel 2010 文件等进行交互操作。通过这些操作可以使用 Word 处理一些比较复杂的版面设计。例如，在 Word 插入文本文件，插入 Excel 文件；文本与表格之相的互相转换；邮件合并等。下面以实训的形式，进行 Word 2010 的综合操作。

实训 7.1——插入文本和对象

　　某些时候，我们在编辑一个 Word 文档时，需要插入已有的文本文件、Word 文件、Excel 文件，可以使用 Word 的插入功能来实现。

　　利用 Word 的插入文件功能，可以将其他文件如 Word 文档、文档模板、HU 网页 UH、RTF 文件以及纯文本文件中的内容插入当前文档。

7.1.1　实训内容

　　打开　X:\素材文件工作目录\07\tf8-2.docx 文件，参照 X:\素材文件工作目录\07\样文 7-1.jpg，完成以下操作。

（1）将文件保存到考生文件夹中，文件命名为"dj71a.docx"。

（2）将 zywj7-2a.docx 插入当前文档 dj71a.docx，并将插入内容中文本部分的手动换行符替换成段落标记。

（3）将 tf8-2a.xlsx 以 Excel 对象的形式复制到当前文档 dj71a.docx。

7.1.2　实训步骤

1．打开文档

启动 Word 2010 软件之后，打开 tf8-2.docx 文档，如图 7-1 所示。

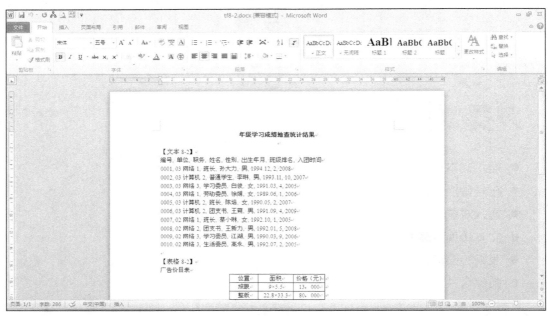

图 7-1　打开 tf8-2.docx 文档

在图 7-1 所示窗口中，单击菜单"文件" | "另存为"命令，将文档以 dj71a.docx 为文件名保存到考生文件夹中。

2．插入文本

在 Word 2010 中通过使用插入文件的方法可以方便地合并两篇或多篇 Word 文档。

按照"样文 7-1.jpg"所示，把光标定位到要插入文本的位置（文档最前面），单击菜单"插入"，在工具栏中选择"对象" | "文件中的文字（F）"命令，如图 7-2 所示。

图 7-2　选择插入文字

在弹出的如图 7-3 所示"插入文件"对话框中，在"查找范围"下拉列表框中选择要插入的文件的位置，在"文件类型"下拉列表框中选择要插入文件的类型，查找到 zywj7-2a.docx 文件。然后单击"插入"按钮，完成文档的插入，效果如图 7-4 所示。如果需要同时插入几个文件的内容，可一次性地选择多个文件。

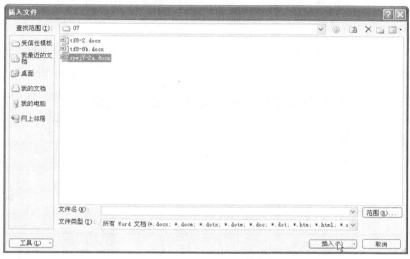

图 7-3　插入文件对话框

图 7-4　插入文本

Word 2010 不仅能把其他 Word 文档的内容插入 Word 文档，也可以把其他类型的文件内容插入 Word 文档。插入的文件有：Word 文档、Web 页和 Web 档案、文档模板、RTF 格式、文本文件等类型，可以根据需要在"文件类型"下拉列表框中选择。

提示　　若只需插入文件的一部分，则在图 7-3 所示对话框中单击"范围"按钮，然后在"范围"框中输入一个书签名（书签：以引用为目的在文件中命名的位置或文本选定范围。在文件内进行书签标识，标识后的位置为可引用或链接到的位置）。因此，需要为插入的文档的某个部分指定一个书签。

3. 符号替换

在图 7-4 窗口中，选择所插入内容的文本，选择"开始"菜单，在工具栏中单击"替换"按钮，在弹出的"查找与替换"对话框中，单击"更多"按钮，如图 7-5 所示。

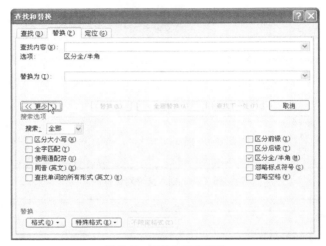

图 7-5　查找与替换窗口

把光标定位在"查找内容"位置，单击选择"特殊格式"|"手动换行符"；把光标定位在"替换为"位置，单击选择"特殊格式"|"段落标记"；单击"全部替换"按钮，在弹出的对话框中选择"否"，完成符号替换，如图 7-6 所示。

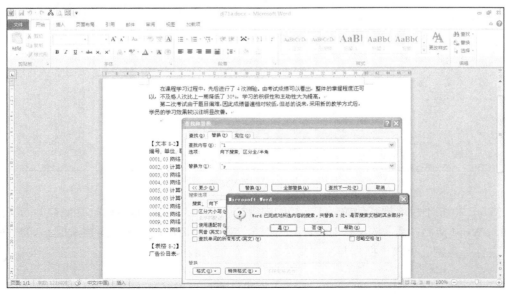

图 7-6　符号替换

4．插入对象

插入对象（也叫嵌入对象），是 Word 2010 提供的一种把对象嵌入到目标 Word 文档中的方法。嵌入对象是指包含在源文件中并且插入目标文件中的信息（对象）。一旦嵌入，该对象即成为目标文件的一部分。对嵌入对象所做的更改反映在目标文件中。对象主要由表、图表、图形、符号或其他形式的信息表示。

例如，一份月状态报告可能包含在 Microsoft Excel 工作表中单独保存的信息。如果在报告中嵌入（嵌入：将某程序创建的信息（如图表或公式）插入其他程序中。嵌入对象后，该信息即成为文档的一部分。对该对象所作的任何更改都将在文档中反映出来）工作表，则报告（或目标文件（目标文件：链接或嵌入对象所插入的文件。源文件包括用来创建对象的信息。当更改目标文件中的信息后，不更新源文件中的信息））将包含数据的静态副本。

提示　　　链接对象和嵌入对象的主要区别是数据存储的位置和将其置于目标文件后数据的更新方式。

（1）链接对象

对于链接对象，仅在修改源文件后，才更新链接对象信息。链接的数据存储在源文件中。目标文件仅存储源文件的位置并显示代表链接数据的标识。如果文件大小是需考虑的因素，可使用链接对象。

如果希望包含单独进行维护的信息（如从不同部门收集的数据）或需要保证 Word 文档中包含最新的信息，则链接也是一种有效的方法。

链接到 Excel 对象后，可以使用 Excel 中的文本和数字格式，或应用 Word 支持的格式。如果使用 Word 格式，则可以在更新数据后保留格式设置。例如，可以更改表格布局、字体大小和字体颜色，并在更新源文件中的对象后不丢失这些更改。

（2）嵌入对象

对于嵌入对象，修改源文件时，目标文件中的信息不会更新，嵌入对象成为目标文件的一部分，在插入目标文件后不再是源文件的一部分。

由于信息完全包含于一个 Word 文档中，当需要将文档的联机版本分发给其他用户，而这些用户不具有对分别保存的工作表的访问权限的情况下，嵌入是一种有效的方法。

按照样文 7-1.jpg，在图 7-1 所示窗口中，把光标定位到所要插入对象的位置。单击菜单"插入"|"对象"命令，弹出如图 7-7 所示对话框。

图 7-7　插入对象对话框

如果要创建一个全新的对象，则可以在图 7-7 所示的"新建"标签中，选择所要新建的对象类型。例如，在一个 Word 2010 文档中，嵌入一个全新的 Excel 工作表，则在对象类型中选择"Microsoft Excel 工作表"，对象就以一个空白的工作表嵌入到 Word 文档中，效果如图 7-8 所示。

图 7-8　嵌入空白 Excel 工作表

如果需要把一个已经存在的文件作为对象嵌入到 Word 文档中，则选择"由文件创建"选项卡，如图 7-9 所示。单击"浏览"按钮，查找作为对象的文件；如果需要把文件作为链接对象形式嵌入到 Word 文档中，则勾选"链接到文件"复选框；如果需要把嵌入的对象显示为图标，则勾选"显示为图标"复选框。

在图 7-9 所示对话框中，单击"浏览"按钮，查找到 tf8-2a.xlsx 文档，单击"插入"按钮，完成对象插入操作。

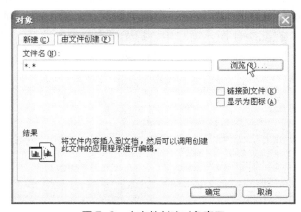

图 7-9　由文件创建对象窗口

实训 7.2——文本与表格之间转换

在有些情况下，需要把已有的文本转换成表格，或把已有的表格转换成文本。这时，可以通过 Word 2010 提供的"转换"功能来实现。

7.2.1 实训内容

打开 X:\素材文件工作目录\07\tf8-2.docx 文件，参照 X:\素材文件工作目录\07\样文 7-1.jpg，完成以下操作。

（1）将【文本 8-2】转换成如样文所示格式的表格。

（2）将【表格 8-2】转换成文本。

7.2.2 实训步骤

1．文本转换成表格

提示　文本转换成表格的前提是，要转换的文本一定要利用一种特别的分隔符隔开准备产生表格列线的文字内容，该分隔符可以是逗号、制表符、空格或其他字符。

在打开的 tf8-2.docx 文档中，选中需产生表格的【文本 8-2】下的文字内容，如图 7-10 所示。

```
【文本 8-2】
编号, 单位, 职务, 姓名, 性别, 出生年月, 班级排名, 入团时间
0001, 03 网络 1, 班长, 孙太力, 男, 1994.12, 2, 2008
0002, 03 计算机 2, 普通学生, 李琳, 男, 1993.11, 10, 2007
0003, 03 网络 3, 学习委员, 白俊, 女, 1991.03, 4, 2005
0004, 03 网络 1, 劳动委员, 徐娟, 女, 1989.06, 1, 2008
0005, 03 计算机 2, 班长, 陈培, 女, 1990.05, 2, 2007
0006, 03 计算机 2, 团支书, 王颖, 男, 1991.09, 4, 2009
0007, 02 网络 1, 班长, 蔡小琳, 女, 1992.10, 1, 2005
0008, 02 网络 2, 团支书, 王新力, 男, 1992.01, 5, 2008
0009, 02 网络 3, 学习委员, 江湖, 男, 1990.03, 9, 2006
0010, 02 网络 3, 生活委员, 高永, 男, 1992.07, 2, 2005
```

图 7-10　选择文本

单击菜单"插入"|"表格"|"文本转换成表格"命令，弹出如图 7-11 所示对话框。

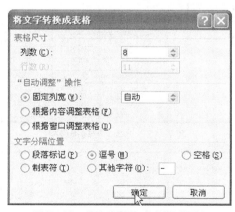

图 7-11　将文字转换成表格对话框

在图 7-11 所示对话框中，"表格尺寸"表示转换所生成表格的列数及行数。行数是根据文本的行数自动生成，不可更改。列数是根据文本分隔符自动生成，但是可以更改，一般更改是为了增加列数。

"自动调整"操作表示生成表格列宽及行高的大小。"固定列宽"：指定列宽的宽度。"根据内容调整表格"：根据表格里面的内容调整每个表格的高和宽。"根据窗口调整表格"：根据页面来调整整个表格的高和宽。

"文字分隔位置"表示产生表格列线的位置，有 5 种类型：段落标记（ ↵ ）、逗号（ , ）、空格、制表符（ → ）、其他字符。其中"其他字符"可以是任意字符，如 | 、! 、# 、@ 、❀ 、★ 等。如果"其他字符"无法从键盘输入时，如"★"字符，可使用复制和粘贴的快捷键"Ctrl+C"组合键及"Ctrl+V"组合键进行输入。

在图 7-11 所示对话框中，在"自动调整"操作中选择"根据内容调整表格"，在"文字分隔位置"中选择"逗号"，单击"确定"按钮，完成文本的转换，如图 7-12 所示。

【文本 8-2】

编号	单位	职务	姓名	性别	出生年月	班级排名	入团时间
0001	03 网络 1	班长	孙大力	男	1994.12	2	2008
0002	03 计算机 2	普通学生	李琳	男	1993.11	10	2007
0003	03 网络 3	学习委员	白俊	女	1991.03	4	2005
0004	03 网络 1	劳动委员	徐娟	女	1989.06	1	2006
0005	03 计算机 2	班长	陈培	女	1990.05	2	2007
0006	03 计算机 2	团支书	王翔	男	1991.09	5	2009
0007	02 网络 1	班长	蔡小琳	女	1992.10	1	2005
0008	02 网络 2	团支书	王新力	男	1992.01	5	2008
0009	02 网络 3	学习委员	江湖	男	1990.03	9	2006
0010	02 网络 3	生活委员	高永	男	1992.07	2	2005

图 7-12　文本转换成表格

2．表格转换成文本

表格转换成文本是上一个操作的逆过程。在某些时候，需要将表格转换成文本进行编辑时，可以使用此功能进行转换。

在打开的 tf8-2.doc 文档中，选中【表格 8-2】下的表格，如图 7-13 所示。

单击菜单"布局"|"转换为文本"命令，如图 7-14 所示，弹出图 7-15 所示对话框。

【表格 8-2】
广告价目表

位置	面积	价格（元）
报眼	9×5.5	13，000
整版	22.8×33.3	80，000
半版	22.8×17	40，000
1/4 版	11.4×17	20，000
通栏	22.8×7	16，000
半通栏	11.4×7	8，000
中缝	4×34	7，200

图 7-13　选择需要转换表格

图 7-14　文本转换为文本命令

在图 7-15 所示对话框中，可以选择表格转换成文本之后文本之间分隔的符号。同样，如果"其他字符"无法用键盘输入时，如"★"字符，这时可使用复制和粘贴的快捷键"Ctrl+C"组合键及"Ctrl+V"组合键进行输入。

选择"制表符"，单击"确定"按钮，完成表格的转换，如图 7-16 所示。

图 7-15　表格转换成文本对话框

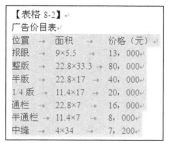

图 7-16　表格转换成文本

实训 7.3——邮件合并

假设需要向每个员工发送一封信函或电子邮件，其中包含个人所得税的扣缴和薪水信息。或者，假设正在按半价向客户提供一些商品，并且希望通过电子邮件发送带编号的优惠券，以便跟踪响应率。逐个地创建每封信函、电子邮件或优惠券则需要花费大量时间。此时就需要使用 Word 的邮件合并功能。使用邮件合并，所要做的就是创建一个文档，其中包含在每个副本中均相同的信息，并为每个副本中的唯一信息添加一些占位符。Word 将完成其余的工作。

7.3.1　实训内容

按题目要求，完成以下操作。

1. 打开　X:\素材文件工作目录\07\tf8-8b.docx，参照 X:\素材文件工作目录\07\样文 7-2.jpg，完成以下操作。

（1）将文件保存到考生文件夹中，文件命名为"dj71b.docx"。

（2）将 X:\素材文件工作目录\07\tf8-8c.xlsx 复制到考生文件夹中。

（3）以当前文档 dj71b.docx 为主文档，以考生文件夹中的 tf8-8c.xlsx 为数据源进行邮件合并。

（4）将邮件合并结果保存到考生文件夹中，文件命名为"dj71c.docx"。

（5）再次保存文件 dj71b.docx，退出编辑状态。

2. 打开　X:\素材文件工作目录\07\zy7-8b.docx，参照 X:\素材文件工作目录\07\样文 7-3.jpg，完成以下操作。

（1）将文件保存到考生文件夹中，文件命名为"dj78b.docx"。

（2）将 X:\素材文件工作目录\07\zywj7-8b.docx 复制到考生文件夹中。

（3）以当前文档 dj78b.docx 为主文档，以考生文件夹中的 zywj7-8b.docx 为数据源进行邮件合并。

（4）将邮件合并结果保存到考生文件夹中，文件命名为"dj78c.docx"。

（5）再次保存文件 dj78b.docx，退出编辑状态。

7.3.2 实训步骤

1．打开文档

启动 Word 2010 软件之后，打开 tf8-8b.docx 文档，以"dj71b.docx"为文件名保存到考生文件夹中，并把 tf8-8c.xlsx 文件复制到考生文件夹中，如图 7-17 所示。

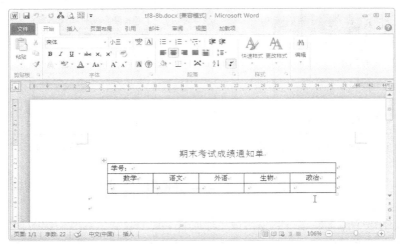

图 7-17　打开文档

2．邮件合并

第一步：开始邮件合并，并选择文档类型。

单击菜单"邮件"｜"开始邮件合并"｜"信函"命令，如图 7-18 所示。

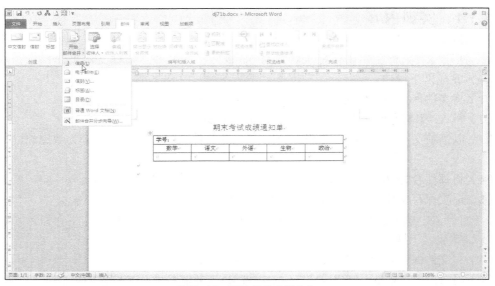

图 7-18　开始邮件合并命令

提示　　如果计算机上安装了传真支持和传真调制解调器，则文档类型列表中还将显示"传真"。

第二步：选择收件人。

单击菜单"邮件"|"选择收件人"|"使用现有列表"命令，如图 7-19 所示，并打开"选择数据源"窗口，如图 7-20 所示。

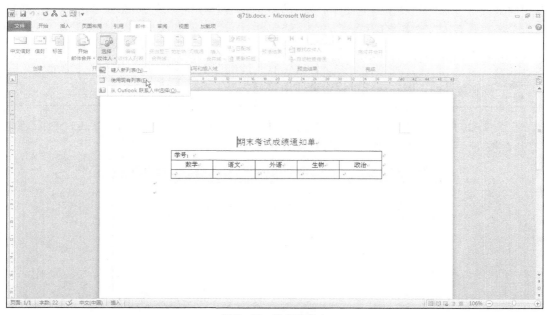

图 7-19　选择收件人

图 7-20　选择数据源

若要将唯一信息合并到主文档，则必须连接到（或创建并连接到）存储唯一信息的数据文件。如果在合并中不希望使用该文件中的全部数据，则可以选择要使用的记录。

在邮件合并过程的这一步骤中，将连接到存储要合并到文档的唯一信息的数据文件。

如果没有数据文件，则单击"键入新列表"，然后使用打开的窗体创建列表。该列表将被保存为可以重复使用的邮件数据库（.mdb）文件。

　　如果具有包含客户信息的 Microsoft Office Excel 工作表或 Microsoft Office Access 数据库，则单击"使用现有列表"，然后单击"浏览"按钮来定位该文件。

　　如果在 Microsoft Office Outlook 联系人列表中保存了完整的最新信息，则联系人列表是客户信函或电子邮件的最佳数据文件。只需单击任务窗格中的"从 Outlook 联系人中选择"，然后选择"联系人"文件夹即可。

　　　如果正在创建合并邮件或传真，请确保数据文件包含电子邮件地址列或传真号列，因在后续过程中要使用该列。

　　在图 7-20 所示对话框中，单击"查找范围"下拉式菜单，查找到 tf8-8c.xlsx 文件，单击"打开"按钮，弹出如图 7-21 所示窗口。

图 7-21　选择表格

　　　单击菜单"邮件"|"编辑收件人列表"命令，可以对数据源进行排序、筛选、查找重复收件人、查找收件人、验证地址等操作如图 7-22 所示。

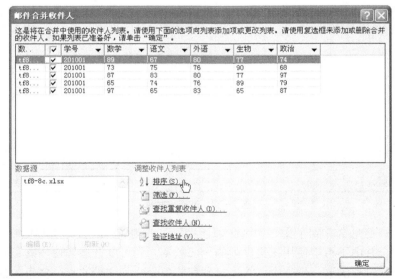

图 7-22　编辑收件人列表

第三步：插入合并域。

将主文档连接到数据文件之后，就可以开始添加域（域表示合并时在所生成的每个文档副本中显示唯一信息的位置）。为了确保 Word 在数据文件中可以找到与每一个地址或问候元素相对应的列，可能需要匹配域。

域是插入主文档中的占位符，在其上可显示唯一信息。例如，单击工具栏中的"地址块"或"问候语"链接可在新产品信函的顶部附近添加域，从而使每个收件人的信函都包括个性化的地址和问候。域在文档中显示在"《》"形符号内，如《地址块》。

按照样文，把光标定到"学号："后面相应的位置，单击菜单"邮件"|"插入合并域"命令，单击"学号"，插入合并域，如图 7-23 所示。

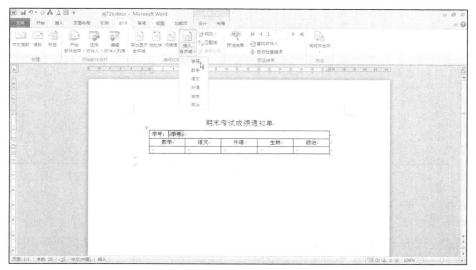

图 7-23　插入合并域

在图 7-23 所示窗口中，依次把光标定位到"数学"、"语文"、"外语"、"生物"、"政治"相应的位置，单击"插入合并域"，插入相对应的域，结果如图 7-24 所示。

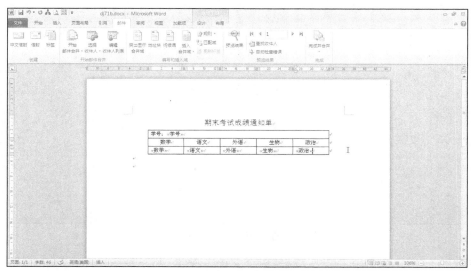

图 7-24　完成数据域的插入

第四步：预览合并，完成邮件合并。

为主文档添加域之后，就可以预览合并结果了。如果对预览结果感到满意，则可以完成合并。在实际完成合并之前，可以预览和更改合并文档，如图 7-25 所示。

图 7-25　预览合并文档

第五步：完成合并。

这一步需要执行的操作取决于所创建的文档类型。如果合并信函，可以单独打印、编辑单个文档或发送电子邮件；如果选择编辑单个文档，Word 将把所有信函保存到单个文件中，每页一封，如图 7-26 所示。

图 7-26　完成合并

在图 7-26 所示窗口中，单击"编辑单个文档"命令，可以把结果合并到新文档，生成新的 Word 文档，如图 7-27 所示。

在图 7-26 所示窗口中，单击"打印文档"按钮，可以把结果合并到打印机，直接打印，如图 7-28 所示。

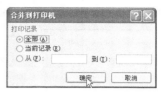

图 7-27　合并到新文档　　　　　　　图 7-28　合并到打印机

无论创建哪一种类型的文档，始终可以打印、发送或保存全部或部分文档。

在图 7-27 所示对话框中，选择"全部"，然后单击"确定"按钮，将把结果合并到一个新文档中，如图 7-29 所示。

在新文档中，在菜单中选择"文件"|"另存为"命令，把文档保存为 dj71c.docx；单击"保存"按钮，保存主文档 dj71b.docx，完成邮件合并的所有操作。

提示
> 如果创建合并电子邮件，在完成合并之后，Word 将立即发送这些邮件。因此，当选择完要发送的邮件之后，将提示指定数据文件中 Word 可从中找到收件人电子邮件地址的列，并且还将提示输入邮件的主题行。

保存的合并文档与主文档是分开的。如果要将主文档用于其他的邮件合并，最好保存主文档。

保存主文档时，除了保存内容和域之外，还将保存与数据文件的连接。下次打开主文档时，将提示选择是否要将数据文件中的信息再次合并到主文档中，如图 7-30 所示。

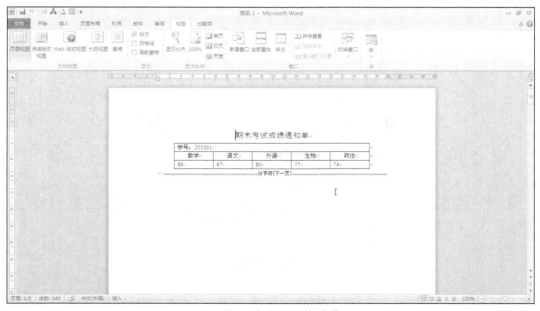

图 7-29　合并结果到新文档

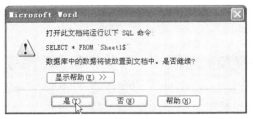

图 7-30 提示连接数据源

如果单击"是"按钮，则在打开的文档中将包含合并的第一条记录中的信息。

如果单击"否"按钮，则将断开主文档和数据文件之间的连接。主文档将变成标准 Word 文档。域将被第一条记录中的唯一信息替换。此时，邮件合并处于"选择收件人"步骤中。可以单击"选择收件人"来修改数据文件以包含不同的记录集或连接到不同的数据文件。然后重新进行邮件合并。

3．以 Word 文档为数据源进行邮件合并

以 Word 文档作为数据源，则数据源必须是表格的形式，如图 7-31 所示 Word 文档 zywj7-8b.docx。

启动 Word 2010 软件之后，打开 zy7-8b.docx 文档，以 zy7-8b.docx 为主文档，执行邮件合并。邮件合并步骤此处不再赘述。

图 7-31 Word 文档数据源

复习题

1．打开 X:\素材文件工作目录\07\tf8-8.docx 文件，参照 X:\素材文件工作目录\07\样文7-1f.jpg，完成以下操作。

（1）将文件保存到考生文件夹中，文件命名为"dj73a.docx"。

（2）将 zywj7-3a.docx 插入到当前文档 dj73a.docx 文档中，并将插入内容中文本部分的手动换行符替换成段落标记。

（3）将 tf8-8a.xlsx 以 Excel 对象的形式复制到当前文档 dj73a.docx 文档中。

（4）将【文本 8-8】转换成如样文所示格式的表格。

（5）将【表格 8-8】转换成文本。

（6）完成所有操作后，请再次保存文档并退出编辑状态。

2．打开 X:\素材文件工作目录\07\tf8-14b.docx，参照 X:\素材文件工作目录\07\样文 7-2f.jpg，完成以下操作。

（1）将文件保存到考生文件夹中，文件命名为"dj73b.docx"。

（2）将 X:\素材文件工作目录\07\tf8-14c.xlsx 复制到考生文件夹中。

（3）以当前文档 dj73b.docx 为主文档，以考生文件夹中的 tf8-14c.xlsx 为数据源进行邮件合并。

（4）将邮件合并结果保存到考生文件夹中，文件命名为"dj73c.docx"。

（5）再次保存文件 dj73b.docx，退出编辑状态。

3．打开 X:\素材文件工作目录\07\zy7-7b.docx，参照 X:\素材文件工作目录\07\样文 7-3f.jpg，完成以下操作。

（1）将文件保存到考生文件夹中，文件命名为"dj77b.docx"。

（2）将 X:\素材文件工作目录\07\zywj7-7b.docx 复制到考生文件夹中。

（3）以当前文档 dj77b.docx 为主文档，以考生文件夹中的 zywj7-7b.docx 为数据源进行邮件合并。

（4）将邮件合并结果保存到考生文件夹中，文件命名为"dj77c.docx"。

（5）再次保存文件 dj77b.docx，退出编辑状态。

任务 8
IE 应用

- 互联网基本概念
- 上网设备的使用
- Outlook 工具的使用
- Foxmail 工具的使用
- 聊天工具的使用

互联网（Internet），又称因特网，是全球性的计算机网络系统，由计算机与计算机，或网络与网络之间的网络介质、设备和网络协议相互连结而成。万维网，常简称为 Web，通常用 WWW（World Wide Web）表示，它是基于互联网的，并通过超文本传输协议相互链接而成的全球性系统。在这个系统中，每个可以访问的事物，都由全局唯一的字符串来标示，这个字符串称为"统一资源标识符"（URI）。用户使用 Web 客户端（如浏览器）浏览万维网（Web）服务器上的资源时，这些资源则可以通过超文本传输协议（Hypertext Transfer Protocol,HTTP）传送给用户。

实训 8.1——调制解调器的安装

连接到互联网（俗称"上网"），目前最常用的有 ADSL、Cable Modem 和小区宽带 3 种方式。它们的区别是 ADSL 采用电话线，Cable 采用有线电视线，小区宽带（FTTx＋LAN）则采用光纤分别和 ISP（互联网服务提供商）连接。模拟信号有利于长距离传输，而计算机只能只能处理数字信号，因此，前两种接入方式都需要使用专门设备对通信信号进行转换传输。

调制解调器（Modem），俗称"猫"，是对调制器（Modulator）与解调器（Demodulator）的简称，可以通过调制器把计算机的数字信号翻译成可沿普通电话线或其他电缆传送的模拟信号输出，而这些模拟信号又可被线路另一端的另一个调制解调器接收，并转换成计算机可识别的数字信号。随着技术的发展，市场上调制解调器扩展出各种不同的功能，如语音传输等。

8.1.1 调制解调器的主要分类

一般来说，调制解调器（Modem）根据其形态和安装方式，可以分为以下两类。

1. 外置式 Modem

外置式 Modem 放置于机箱外，通过串行通信口与主机连接。这种 Modem 稳定性好，而且方便灵巧、易于安装，闪烁的指示灯便于监视 Modem 的工作状况，如图 8-1 所示。但外置式 Modem 需要使用额外的电源与电缆。

图 8-1　外置式调制解调器

2. 内置式 Modem

内置式调制解调器如图 8-2 所示，在安装时需要拆开机箱，并且要对终端和 COM 口进行设置，安装较为烦琐。这种 Modem 要占用主板上的扩展槽，但无需额外的电源与电缆，且价格比外置式 Modem 要便宜一些。

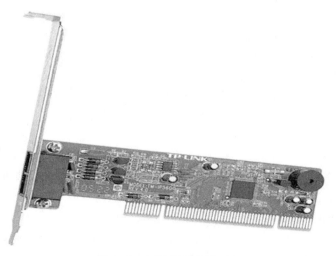

图 8-2　内置式调制解调器

8.1.2 调制解调器的安装

1．外置式 Modem 的安装

外置 Modem 的安装如图 8-3 所示。

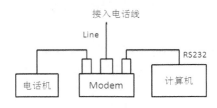

图 8-3　外置式调制解调器安装示意图

（1）连接电话线。把电话线的 RJ11 插头插入 Modem 的 Line 接口，再用电话线把 Modem 的 Phone 接口与电话机连接。

（2）关闭计算机电源，将 Modem 所配的电缆的一端（25 针阳头端）与 Modem 连接，另一端（9 针或者 25 针插头）与主机上的 COM 口连接。

（3）将电源变压器与 Modem 的 POWER 或 AC 接口连接。

（4）检验。接通电源后，Modem 的 MR 指示灯应长亮，如果 MR 灯不亮或不停闪烁，则表示未正确安装或 Modem 自身故障。

对于带语音功能的 Modem，还应把 Modem 的 SPK 接口与声卡、耳机等音频输出设备连接。其中，Moden 的信号指示灯含义说明如下。

ADSL-ACT：信号数据灯，有数据传输时闪烁，无时常暗。

ETH(ETHNET)(LAN-LINK)：局域网灯，开启后常亮红色，表示网卡和 Modem 之间连接正常，否则检查网卡和网卡线（较粗的那根）。

LAN-ACT：局域网数据灯，有数据传输时闪烁，无时常暗。

MR：Modem 已准备就绪，并成功通过自检。

TR：终端准备就绪。

SD：Modem 正在发出数据。

RD：Modem 正在接收数据。

OH：摘机指示，Modem 正占用电话线。

CD：载波检测，Modem 与对方连接成功。

RI：Modem 处于自动应答状态。某些 Modem 用 AA 表示。

HS：高速指示，速率大于 9 600。

POWER：电源指示灯。

DSL(ADSL-LINK)：信号灯，开启后急速闪烁，然后常亮绿色。工作状态下，常亮以外情况均属不正常。

2．内置式 Modem 的安装

（1）根据说明书的指示，设置好有关的跳线。由于 COM1 与 COM3、COM2 与 COM4 共用一个中断，因此通常可设置为 COM3/IRQ4 或 COM4/IRQ3。

（2）关闭计算机电源并打开机箱，将 Modem 卡插入主板上任一空置的 PCI 扩展槽。

（3）连接电话线。把电话线的 RJ11 插头插入 Modem 卡上的 Line 接口，再用电话线把 Modem 卡上的 Phone 接口与电话机连接。此时拿起电话机，应能正常拨打电话。

3．软件设置

当硬件安装完成后，需要在 Windows 操作系统中安装驱动程序和设置账号。

1.安装驱动程序

对于 Windows7 操作系统，通常默认带有合适的驱动程序，因此不需要手动安装。如果 Windows 系统报告"找到新的硬件设备"，此时只需选择"硬件厂商提供驱动程序"，并插入 Modem 的安装盘即可。

如果 Windows 启动后未能侦测到 Modem，也可以按以下步骤完成安装。

第一步：进入 Windows 的"控制面板"，找到并双击"调制解调器"图标，并在属性窗口中单击"添加"按钮。

第二步：选中"不检测调制解调器，而将从清单中选定一个"，然后单击"下一步"按钮。

第三步：在 Modem 列表中选择相应的厂商与型号，然后单击"下一步"按钮。或者插入 Modem 的安装盘后，选择"从磁盘安装"即可。要证明 Modem 是否安装成功，可使用 Windows 附件中的电话拨号程序随便拨打一个电话，如果成功，说明 Modem 已被正确安装。

2.设置上网账号

第一步：打开控制面板，进入"网络和 Internet"，然后选择"网络和共享中心"，如图 8-4 所示。

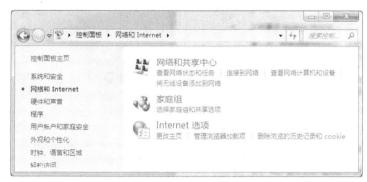

图 8-4　Internet 选项

第二步：在"网络和共享中心"选择"设置新的连接或网络"，如图 8-5 所示。

图 8-5　Internet 网络和共享中心

第三步：在弹出的"设置连接或网络"对话框中，ADSL 宽带上网选择"连接到 Internet"（"设置拨号连接"是通过固话的拨号连接），然后单击"下一步"按钮，如图 8-6 所示。

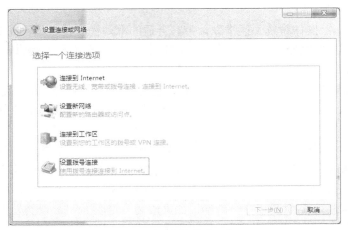

图 8-6 设置连接或网络

第四步：在"连接到 Internet"对话框中选择"仍要设置新连接"，如图 8-7 所示。

图 8-7 连接到 Internet

第五步："您想如何连接"界面中选择"宽带（PPPoE）"，如图 8-8 所示。

图 8-8 宽带设置 1

第六步：输入对应的宽带账号及密码，单击"连接"按钮即可，如图 8-9 所示。

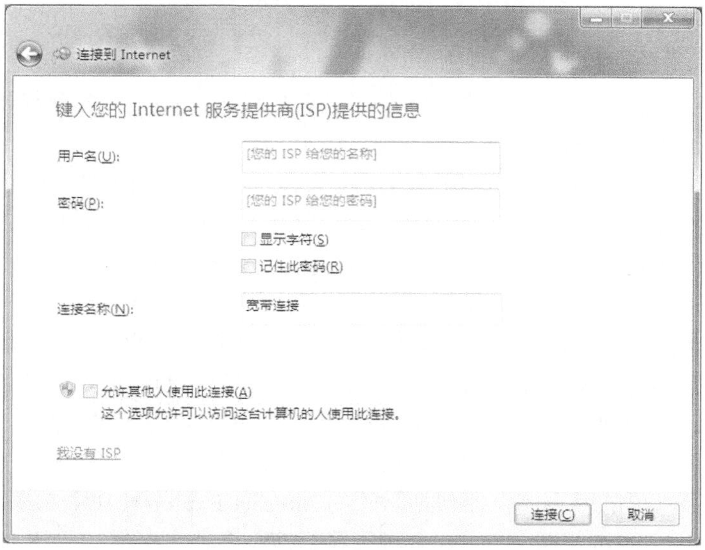

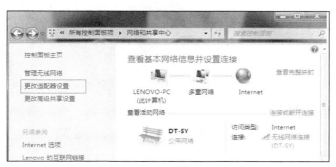

图 8-9　宽带设置 2

第七步：创建桌面快捷方式。

创建桌面快捷方式，可以方便以后上网操作。通过网络和共享中心的网络连接对话框，单击"更改适配器设置"，如图 8-10 所示。

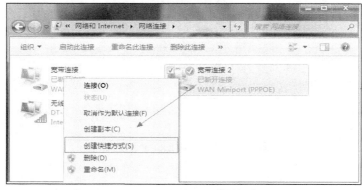

图 8-10　更改适配器设置

在"宽带连接"上单击鼠标右键选择"创建快捷方式"即可，如图 8-11 所示。

图 8-11　创建宽带快捷方式

实训 8.2——互联网应用

8.2.1　实训内容

调制解调器安装成功后，可以使用宽带连接到互联网，通过网页浏览器在网络上进行信息检索、查询等（俗称：上网）。

浏览器是一种软件，可以显示网页服务器或者文件系统的网页文件内容。网页浏览器通常简称为"浏览器"，主要功能是显示网页，并允许用户与网页服务器交互。网页需要由网址（URL）指定，文件格式通常为 HTML。一个网页中包括各种内容，如文档、图片、脚本、插件等，从而实现了丰富多彩的人机界面。

浏览器主要支持的网络协议是超文本传输协议（HTTP），其统一资源标识符（URL）是以 http://开始，如 http://www.baidu.com 代表百度搜索公司的网址，另外还支持其他协议，如 FTP、Gopher、HTTPS（HTTP 协议的加密版本）。HTTP 内容类型和 URL 协议规范允许网页设计者在网页中嵌入图像、动画、视频、声音、流媒体等。

个人计算机上常见的网页浏览器包括微软的 Internet Explorer（ IE ）、Firefox、Opera、Google Chrome、GreenBrowser 浏览器、360 安全浏览器、搜狗高速浏览器、腾讯 TT、傲游浏览器、百度浏览器、腾讯 QQ 浏览器、苹果系统的 Safari 等。由于较多个人计算机安装 Widows 操作系统，而 IE 是在安装系统时默认安装的，因此微软的 Internet Explorer（IE）浏览器被大多数人所熟悉，其图标如图 8-12 所示。

图 8-12　Internet Explorer

8.2.2　实训步骤

下面以微软的 Internet Explorer（IE）为例讲解浏览器的设置。

1．IE 浏览器的设置

第一步：IE 浏览器的启动。在桌面上用鼠标左键双击 Internet Explorer 图标。启动 IE 浏览器后，浏览器会自动链接到默认的网站主页中或空白页面，如图 8-13 所示。

图 8-13　Internet Explorer 空白页

（2）IE 浏览器的设置。

单击菜单"工具"|"Internet"选项，进入设置。在"常规"选项中，有"主页""浏览

历史记录"搜索""选项卡""外观"5 部分，如图 8-14 所示。

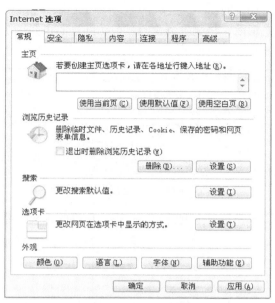

图 8-14　Internet 选项

①　在"主页"区，可以更改默认主页，如在文本框中输入"http://www.baidu.com"，这样每次启动 IE 都会自动进入百度搜索页面。

②　在"浏览历史记录"区单击"删除（D）…"按钮会弹出"删除浏览的历史记录"对话框。该对话框中有"保留收藏夹网站数据""Internet 临时文件""Cookie""历史记录"等项，如图 8-15 所示。

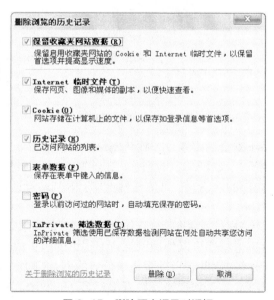

图 8-15　删除历史记录对话框

选中"保留收藏夹网站数据"代表不删除收藏夹中网页的历史数据；选中"Internet 临时文件"表示删除本地保存的网页的页面以及图片等文件，这些文件是在浏览页面时自动下载

的；选中"Cookie"表示删除访问历史页面输入操作留下的痕迹，这些输入往往被保存成文本文件以备下次输入时自动获取；

选中"历史记录"选项后，将删除浏览器以前访问过的页面记录（见图 8-16），单击地址栏的下拉菜单时将不再显示历史记录。

图 8-16　百度页面

③ "安全"设置选项卡，是对上网访问进行安全检查的定义区域，如图 8-17 所示。

图 8-17　Internet 选项

因为网络中存在很多不安全的因素，如钓鱼网站、蠕虫病毒、木马等，它们时刻危害着计算机安全以及个人的财产以及隐私等。通过"安全"选项可以对互联网（Internet）、内网（Intranet，通常是指企业内部的网络）、可信任站点、受限制站点进行设置，每一种站点可以分别设置不同的安全级别。

④ "内容"选项卡允许用户对网站进行分级访问，主要目的是限制儿童访问不适宜的信息。

根据配置方式，内容审查程序可以使用网站自愿提供的阻止或允许特定内容的分级。由于并非所有网站都进行了分级，因此将自动阻止未分级的网站（同样可以选择允许这些网站）。调整设置并打开内容审查程序后，该程序将检查用户访问的网站。若要使用内容审查程序，首先需要创建监护人密码，然后可以指定儿童使用网络时要应用的筛选器和规则。若要更改设置，需要使用监护人密码登录，然后才能进行更改。

在设置分级审查功能时必须特别慎重，因为一旦忘记密码，只能通过修改注册表才能解除。方法：通过运行 regedit 程序调出注册表编辑器，删除相应注册表项中的 Key 值。该注册表项为。

[HKEY_LOCAL_MACHINE\Software\Microsoft\Windows\CurrentVersion\Policies\Ratings]

⑤ "连接"选项卡是上网时重要的设置，一旦设置错误，将无法浏览 Web 网站，如图 8-18 所示。

图 8-18　Internet 选项对话框

单击"局域网设置"按钮，弹出"局域网（LAN）设置"对话框，其中，局域网（LAN）设置为空，如图 8-19 所示。

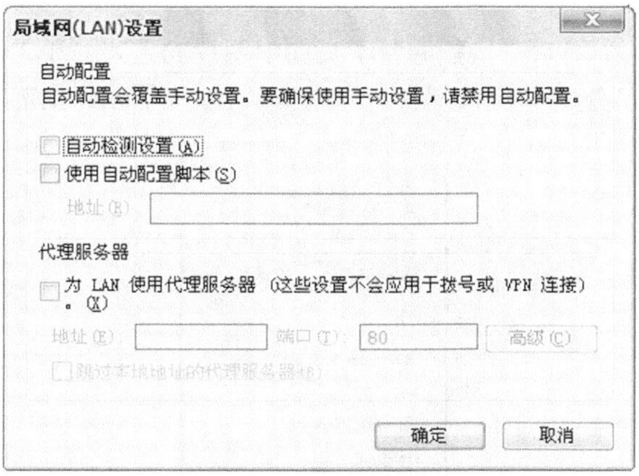

图 8-19　Internet 选项对话框

⑥ 通过"程序"选项卡，可以设置 Windows 下默认编辑网页文件或打开邮件、新闻组等的系统自带程序，以及把 IE 设置为默认浏览器。"高级"选项卡允许设置网站相关的网络协议、安全策略、图形图像显示、语言等内容，可以根据具体的需要进行改变。

2. IE 主菜单操作

（1）在 IE 的"文件"菜单中提供了新建选项卡、重复选项卡、新建窗口、新建会话、打开等功能子菜单。

"新建选项卡"可以在同一个窗口中打开多个网站页面，以不同选项卡方式并列。

"重复选项卡"指在同一个窗口中打开与当前网站页面相同的页面，以不同选项卡方式并列。

"新建窗口"指在新建的窗口中打开与当前网站页面相同的页面。

"新建会话"指在新建一个窗口中打开另外一个不同的连接。

"打开"用于浏览本地文件内容。

（2）IE 的"收藏夹"菜单（见图 8-20）提供了"保存到收藏夹栏""保存到收藏夹""整理收藏夹"以及显示收藏夹中网站信息等功能，允许用户把当前浏览页面地址保存到指定位置，方便以后再次查找访问该网站。"整理收藏夹"允许用户对收藏的网址进行编辑、排序、分类操作。

图 8-20 IE 收藏夹

3. 页面操作

图片下载：打开一个网站，将鼠标置于页面中图片的上方，单击鼠标右键，将弹出浮动菜单，如图 8-21 所示，选择"图片另存为"，可以将图片下载到指定的本地目录中。

图 8-21 IE 浮动菜单

4. 源代码查看

在浏览器中看到的网页都是丰富多彩的，而页面的本质则是完全由字符组成的 HTML 语言文件。在网页的空白区域，单击鼠标右键，会弹出与单击图片不同的菜单。选择"查看源文件"菜单项，可以在默认的文本编辑器中看到 HTML 的本来面目。

实训 8.3——Outlook 2010 应用

8.3.1 实训内容

熟练掌握 Outlook 2010 的基本用法，包含创建账户，导入/导出联系人以及数据文件等。下面介绍几种常用的 Dutlook 的使用

（1）配置账户。

（2）数据备份与安全。

（3）导出和导入联系人。

（4）创建规则。

8.3.2 实训步骤

1．启动 Outlook 2010

Outlook 2010 是 Microsoft 公司 Office 2010 办公软件包中的邮件客户端系统，首次运行会出现配置账户向导，询问是否配置邮件账户，选择"否"，单击"下一步"按钮，如图 8-22 所示。

图 8-22　Outlook 账户配置

在弹出的提示框中根据提示勾选"继续"复选框，然后单击"完成"按钮，如图 8-23 所示。

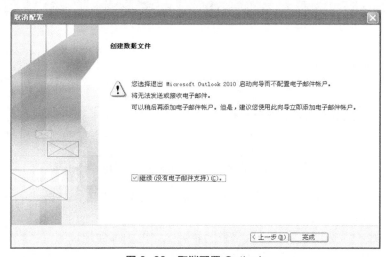

图 8-23　取消配置 Outlook

2. 配置账户

Outlook 2010 启动界面如图 8-24 所示。

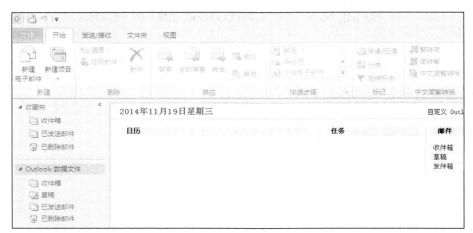

图 8-24　Outlook 启动界面

第一步：选择"文件"下的"信息"项，单击视图区域的"添加账户"按钮，如图 8-25 所示，会弹出"添加新账户"对话框，如图 8-26 所示。

图 8-25　添加账户

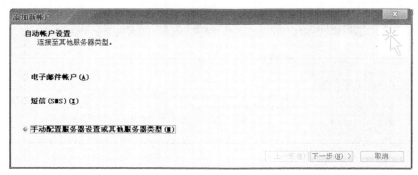

图 8-26　Outlook 添加新账户对话框

第二步：选择"手动配置服务器设置或其他服务类型"选项，单击"下一步"按钮。其中另外两个选项说明如下。

"电子邮件账户"选项，需要输入"您的姓名"、"电子邮件地址"、"密码"、"重复键入密码"等选项，此时 Outlook 会自动为你选择相应的设置信息，如邮件发送和邮件接收服务器等。但有时候它找不到对应的服务器，那就需要手动配置了。

"短信(SMS)"选项，需要注册一个短信服务提供商，然后输入供应商地址、用户名和密码。

第三步：选择"Internet 电子邮件"选项，单击"下一步"按钮。其中另外两个选项说明如下。

在弹出的设置框中输入用户信息、服务器信息、登录信息，然后可以单击"测试账户设置…"按钮进行测试，如图 8-27 所示。

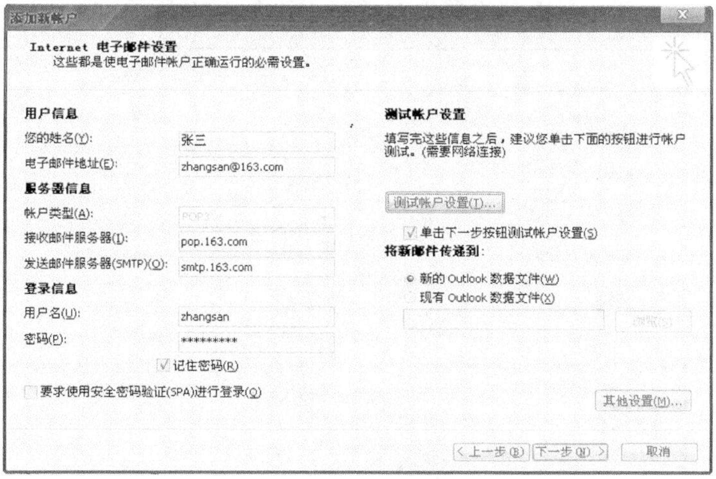

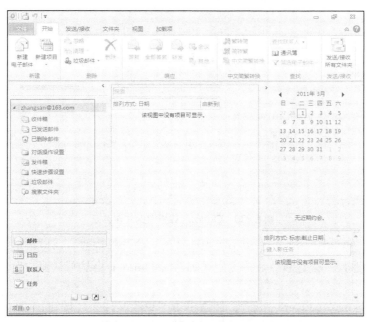

图 8-27　Outlook 设置新账户

如果测试不成功，单击"其他设置"按钮，弹出"Internet 电子邮件设置"对话框，在该对话框中选择"发送服务器"标签页，勾选"我的发送服务器（SMPT）要求验证"复选框，单击"确定"按钮，返回"添加账户"对话框。在"添加账户"对话框中再次单击"测试账户设置…"按钮，此时测试成功，单击"下一步"按钮会测试账户设置，成功后单击"完成"按钮，完成账户设置，如图 8-28 所示。

图 8-28　Outlook 成功添加新账户

3．数据备份与安全

为了防止信息丢失，Outlook 提供了数据保存功能，账户配置成功后，会默认把收发的邮件内容以文件形式存放在"C:\Documents and Settings\Administrator\My Documents\Outlook 文件"目录下，并以电子邮件名为数据文件名，如 zhangsan@163.com.pst 。

第一步：单击"文件"下"信息"选项的"账户设置"按钮，在弹出的菜单（见图 8-29）中选择"账户设置"，弹出"账户设置"对话框，如图 8-30 所示。

图 8-29　Outlook 账户设置

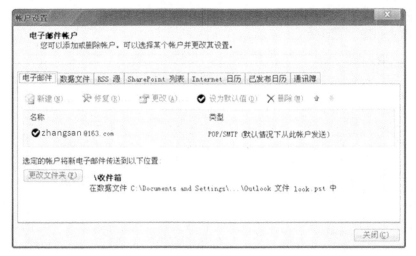

图 8-30　Outlook 账户数据文件设置

第二步：在"账户设置"对话框中，选中"电子邮件"标签。这里也可以进行新建账户、修复账户、更改账户、设置默认账户（发送邮件时 Outlook 会从默认账户发送）、删除账户等操作。

选中"zhangsan@163.com"账户，然后单击"更改文件夹"按钮，可以选择或创建自定义数据文件保存的位置，账户备份文件扩展名默认为".pst"。

4．导出和导入联系人

第一步：建立联系人。

如图 8-31 所示，在 Outlook 主界面左下方的竖向菜单位置，选择"联系人图标"；然后单击"新建联系人"按钮，或者在中间的空白处右击并在弹出快捷菜单选择"新建联系人"，或者直接双击空白处新建联系人，会弹出新建联系人对话框，如图 8-32 所示。

图 8-31　Outlook 联系人管理

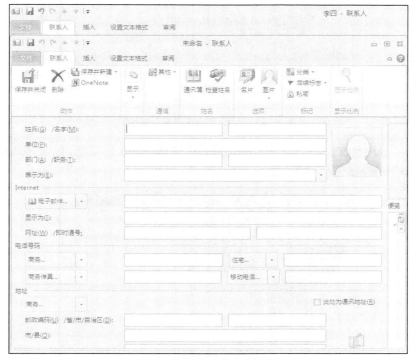

图 8-32　新建联系人对话框

输入联系人信息后，单击工具栏中的"保存并关闭"按钮，返回联系人主界面。

第二步：导入/导出联系人。

首先，返回 Outlook 主界面，如图 8-33 所示。选择"文件"|"打开"菜单下的"导入"选项，将弹出的"导入和导出向导"对话框。

图 8-33　导入联系人

在打开的"导入和导出向导"对话框中选择"导出到文件"选项，然后单击"下一步"按钮，如图 8-34 所示。

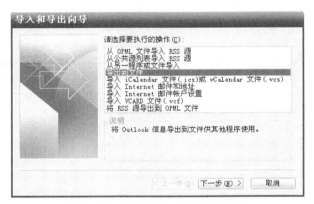

图 8-34　"导入和导出向导"对话框

在弹出的"导出到文件"对话框中，根据需要选择保存的文件类型，如选择"Microsoft Excel 97-2003"选项，单击"下一步"按钮，如图 8-35 所示。

图 8-35　导出到文件对话框 1

选择我们要导出的账户的联系人，如选择"zhangsan@163.com"账户下的"建议的联系人"，单击"下一步"按钮，如图8-36所示。

图8-36 "导出到文件"对话框2

选择导出的联系人文件存放的位置，并输入文件名，如"联系人.xls"，单击"下一步"按钮，如图8-37所示。

图8-37 "导出到文件"对话框3

选择要导出的联系人的信息，直接单击"完成"按钮，完成导出，如图8-38所示。

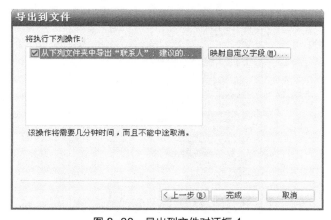

图8-38 导出到文件对话框4

这时，就把我们的联系人导出到了刚才保存的"联系人.xls"文件中了，可以直接用 Excel 打开、查看或修改。

5．创建邮件规则和通知

通过创建规则，可以实现邮件的筛选接收、标示、删除、自动归类等功能，是高效管理邮件的必要手段。下面介绍制订"拒绝广告"规则的步骤。

第一步：创建规则。在窗口"文件"菜单项的"信息"条目下，单击"管理规则和通知"按钮（见图 8-39），会弹出"规则和通知"对话框，如图 8-40 所示。

图 8-39　管理规则和通知

图 8-40　"规则和通知"对话框

第二步：在"规则和通知"对话框中，单击"新建规则…"按钮，弹出"规则向导"对话框，如图 8-41 所示。

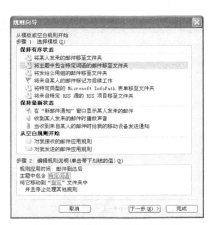

图 8-41　"规则向导"对话框

第三步：在"规则向导"对话框中的"步骤1：选择模板"下选择"将主题中包含特定词语的邮件移至文件夹"选项，此时在"步骤2：编辑规则说明（单击带下画线的值）"中会提示"主题中包含特定词语"和"将它移动到指定文件夹中"。通过设置检查邮件中包含的特定词语，来过滤广告邮件。

先单击"特定词语"项，弹出"查找文本"对话框，如图8-42所示。

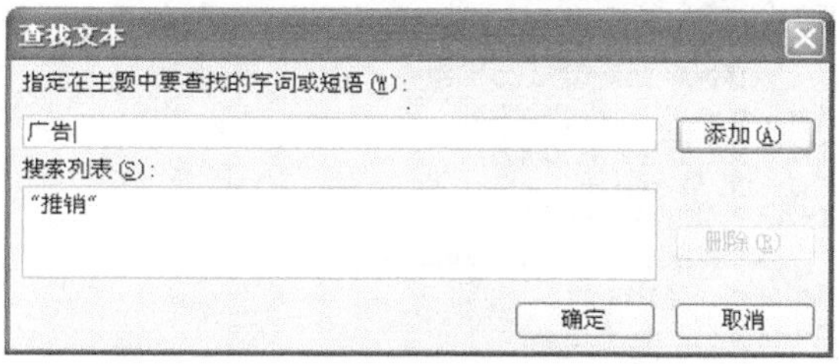

图8-42 "查找文本"对话框

在"查找文本"对话框中输入"推销"、"广告"等需要过滤的邮件中会出现的词语，然后单击"添加"按钮，这些词语将出现在搜索列表中，添加完成后单击"确定"按钮确认。

单击"指定"项，弹出"选择文件夹"界面，选择需要把拦截的邮件移动到的指定位置。如图8-43所示。

第四步：单击"规则向导"对话框的"下一步"按钮，对话框内容会显示"如何处理该邮件？"界面。在提示栏步骤1的选项中勾选"删除它"，将对接收到的广告邮件进行删除的操作。提示框如图8-44所示。

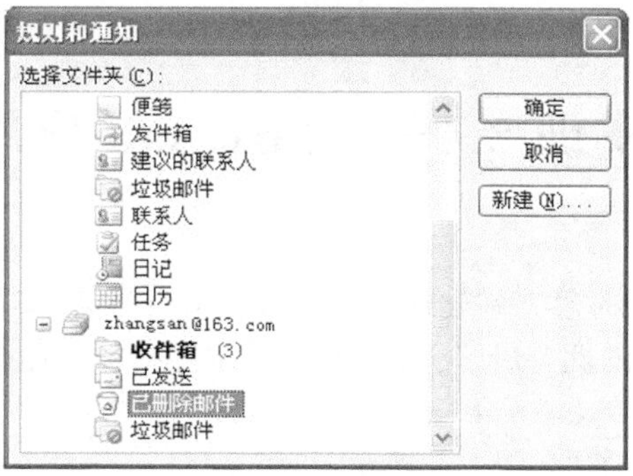

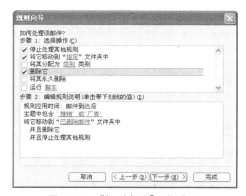

图8-43 "选择文件夹"界面

图8-44 "规则向导"对话框1

第五步：在"规则向导"对话框中单击"下一步"按钮，将进入"是否有例外？"界面。在该项设置中可以设置规则之外的邮件，使得满足该项设置的邮件不会被规则处理。

如图 8-44 所示，可以在例外选项栏中勾选"通过指定账户时除外"复选框，并单击"指定"来选择所指定例外的邮件账户。这样凡是从该账户发来的邮件将不进行规则处理。

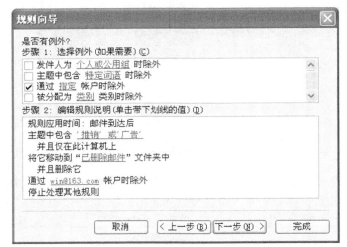

图 8-45 "规则向导"对话框 2

第六步：单击"完成"按钮。创建规则完成。

备注：规则向导每一步都有很多可以设置的选项，可以根据实际情况，创建需要的其他规则。

实训 8.4——Foxmail 应用

8.4.1 实训内容

Foxmail 是腾讯公司的邮件客户端软件，用来管理用户的电子邮件，Foxmail 小巧易用、功能强大，使用方便快捷，在国内拥有最广泛的邮件客户端用户群，在企业中应用也极为广泛。

本实训主要讲解：

（1）Foxmail 用户账户创建；

（2）访问口令设置；

（3）邮件创建；

（4）账户存档；

（5）邮件导入；

（6）邮件管理规则设置。

8.4.2 实训步骤

1．Foxmail 用户账户创建

首先安装 Foxmail v7.2 版本，运行后结果如图 8-46 所示。

图 8-46　Foxmail 运行界面

第一步：单击右上角的功能列表菜单，会弹出功能菜单，如图 8-47 所示。

图 8-47　功能列表菜单

第二步：选择菜单中的"账号管理…"，会弹出账号设置对话框，如图 8-48 所示。

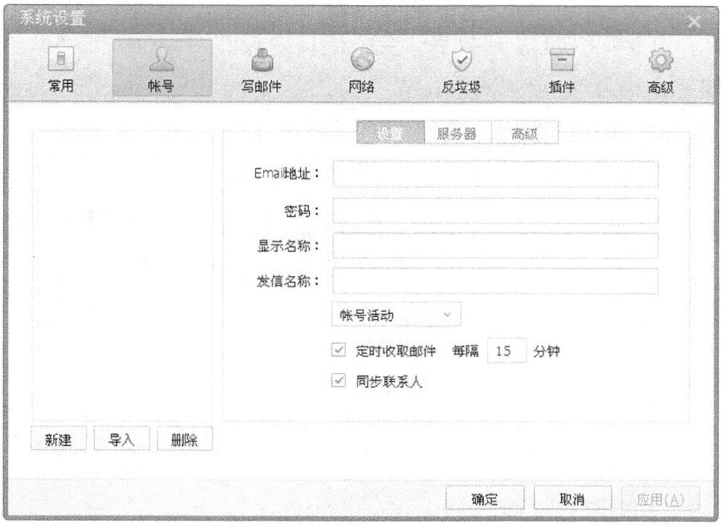

图 8-48　账户设置

单击左下角的"新建"按钮，会弹出邮件设置对话框，如图8-49所示。

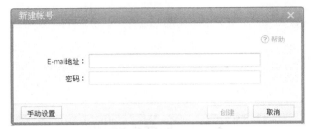

图 8-49　邮件设置

输入正确的邮箱地址和密码后，单击"创建"按钮，在网络畅通的情况下，经过验证，提示创建成功。

2．设置口令

返回主界面，此时已经可以在左侧的视图中看到刚刚建立的邮件账号。选择需要设置口令的邮件账号，单击鼠标右键，会弹出功能菜单，如图8-50所示。

图 8-50　设置账号口令

单击"账号访问口令（C）..."菜单，会弹出口令设置对话框，输入口令确认即可。

3．邮件创建

在主界面中选择要使用的账号，用鼠标左键单击左侧列出的某个账号，然后单击顶部的"写邮件"按钮，将弹出邮件创建对话框，如图8-51所示。

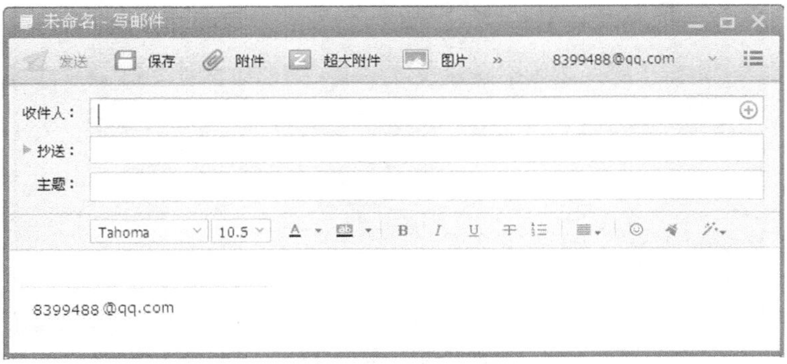

图 8-51　创建邮件

写完后，单击顶部的"发送"按钮。

4．邮件存档

单击右上角的功能列表菜单，会弹出功能菜单，在菜单中选择"工具"|"邮件存档"菜单项，如图 8-52 所示。

图 8-52　邮件存档

在"邮件存档"对话框中填写需要备份存档的账号和邮件时间范围，以及指定的保存目录，单击"开始存档"按钮，如图 8-53 所示。

图 8-53　邮件存档设置

存档结束后将在指定目录保存为扩展名为.fox 的文件。

5．邮件导入

在左侧账号目录中单击鼠标右键，为所选账号建立导入邮件的文件夹，如图 8-54 所示。

图 8-54　新建文件夹

在弹出的对话框中，为新建的文件夹命名为"导入箱"（名字任意），单击"确认"按钮，如图 8-55 所示。

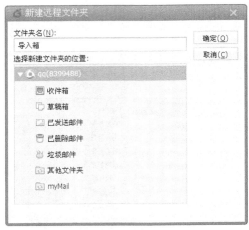

图 8-55 为文件夹命令

单击右上角的功能列表菜单，会弹出功能菜单，在菜单中选择"导入"或使用鼠标右键单击新建的"导入箱"选择"导入邮件…"，如图 8-56 所示。

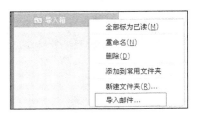

图 8-56 导入箱右键菜单

文件类型选择"All Files(*.*)"，然后选择需要导入的邮件存档文件即可。

图 8-57 需要导入的邮件存档文件

6．邮件管理规则设置

打开已有账号的收件箱，在所接收到的邮件上方单击鼠标右键，会弹出邮件功能菜单，如图 8-58 所示。